220～500 kV
输电线路绝缘斗臂车
带电作业

周炳凌◎主编

中国电力出版社
CHINA ELECTRIC POWER PRESS

内 容 提 要

针对 220～500kV 输电线路带电作业面临的技术问题，为了推广输电线路绝缘斗臂车在带电作业领域中的应用，促进输电线路带电作业的开展，根据 220～500kV 输电线路绝缘斗臂车带电作业研究成果编写此书。

全书共分为五章，包括带电作业技术、绝缘斗臂车带电作业安全间隙、绝缘斗臂车带电作业安全防护、绝缘斗臂车配套工具以及绝缘斗臂车的试验和使用。

本书可作为 220～500kV 输电线路带电作业人员技术培训的教材，也可供输电线路运行管理人员和工程技术人员参考使用。

图书在版编目（CIP）数据

220～500kV 输电线路绝缘斗臂车带电作业 / 周炳凌主编. —北京：中国电力出版社，2018.12
ISBN 978-7-5198-2761-8

Ⅰ. ①2… Ⅱ. ①周… Ⅲ. ①绝缘起重机–高电压–带电作业 Ⅳ. ①TH21②TM84

中国版本图书馆 CIP 数据核字（2018）第 293074 号

出版发行：中国电力出版社
地　　址：北京市东城区北京站西街 19 号（邮政编码 100005）
网　　址：http://www.cepp.sgcc.com.cn
责任编辑：肖　敏（010-63412363）代　旭
责任校对：黄　蓓　李　楠
装帧设计：赵姗姗
责任印制：石　雷

印　　刷：三河市百盛印装有限公司
版　　次：2018 年 12 月第一版
印　　次：2018 年 12 月北京第一次印刷
开　　本：787 毫米×1092 毫米　16 开本
印　　张：7.25
字　　数：160 千字
印　　数：0001—1500 册
定　　价：35.00 元

编 委 会

主　　编　周炳凌

副 主 编　唐　盼　戴　锋

编写人员　黄礼平　刘　庭　潘灵敏　翁　旭

　　　　　刘　凯　高　强　张　涛

前　言

进入 21 世纪后,随着经济的持续高速增长,我国电力需求不断扩大,220～500kV 输电线路作为中长距离输电的主力军,其安全运行对于保障电网稳定至关重要。从世界电力历史和我国电力事业发展规律来看,带电作业技术是确保输电线路安全可靠运行的重要技术保证。

目前,我国的输电线路带电作业一般是作业人员登塔后,用吊篮法或沿耐张绝缘子进入等电位进行作业,但这都需要作业人员从地面攀爬到铁塔上,作业人员易疲劳且有可能发生高空坠落伤害,同时作业工器具需要从地面起吊至作业位置,作业效率比较低。美国、法国等国家已经在输电线路带电作业中广泛使用带有工作斗、绝缘臂、液压控制系统的绝缘斗臂车,其具有直接进入作业位置、降低高空坠落风险、减轻作业人员劳动强度、提高作业效率等优点,而我国仅个别地区配置了 220kV 绝缘斗臂车,对于在 220～500kV 输电线路上用绝缘斗臂车开展带电作业还没有相关的应用经验。

为推广 220～500kV 输电线路绝缘斗臂车在带电作业领域中的应用,加深作业人员对该设备的了解和提高作业人员对该设备的应用水平,作者通过理论分析、试验研究并结合现场应用,总结了 220～500kV 输电线路绝缘斗臂车带电作业的安全距离、安全防护、作业工器具、试验方法以及作业方法等关键技术,并编写了本书。本书共分五章,主要内容包括带电作业技术、绝缘斗臂车带电作业安全间隙、绝缘斗臂车带电作业安全防护、绝缘斗臂车配套工具以及绝缘斗臂车的试验和使用。本书可作为 220～500kV 输电线路带电作业人员技术培训的教材,也可供输电线路运行管理人员和工程技术人员参考使用。

由于编写人员水平有限,书中难免存在不妥或疏漏之处,恳请广大读者批评指正。

编　者

2018 年 11 月

目　录

第一章

带 电 作 业 技 术

第一节 输电线路带电作业技术简介

一、带电作业的定义

带电作业是指在高压电气设备上不停电进行检修、测试的一种作业方法。它将过去对电力设备传统的停电检修方式，改为电力设备在不停电的状态下进行作业检修，因而减少了故障停电和计划停电时间，解决了供用电之间的矛盾，可不间断地向用户供电。在带电作业过程中，为了保证作业人员没有触电受伤的危险，必须满足下面三条要求：

（1）流经人体的电流不超过人体的感知水平 1mA（1000μA）。

（2）人体体表局部场强不超过人体的感知水平 240kV/m。

（3）与带电体保持规定的安全距离。

若根据作业人员与带电体的位置区分，带电作业方式可分为间接作业与直接作业两种方式。

间接作业是作业人员不直接接触带电体，保持一定的安全距离，利用绝缘工具操作高压带电部件的作业。从操作方法来看，地电位作业、中间电位作业、带电水冲洗和带电气吹清扫绝缘子等都属于间接作业。间接作业也称为距离作业。

在输电线路带电作业中，直接作业也称为等电位作业，在国外也称为徒手作业或自由作业，是作业人员穿戴全套屏蔽防护用具，借助绝缘工具进入带电体，人体与带电设备处于同一电位的作业。对防护用具的要求是越导电越好。而在配电线路带电作业中，作业人员穿戴全套绝缘防护用具直接对带电体进行作业。虽然与带电体之间无间隙距离，但人体与带电体是通过绝缘用具隔离开来，人体与带电体不是同一电位。

若按作业人员的自身电位来划分，带电作业方式可分为地电位作业、中间电位作业、等电位作业三种方式。

地电位作业是作业人员保持人体与大地（或杆塔）同一电位，通过绝缘工具接触带电体的作业。这时人体与带电体的关系是：大地（杆塔）人→绝缘工具→带电体。

中间电位作业是在地电位作业法和等电位作业法不便采用的情况下，介于两者之间的一种作业方法。此时人体的电位是介于地电位和带电体电位之间的某一悬浮电位，它要求作业人员既要保持对带电体有一定的距离，又要保持对地有一定的距离。这时，人体与带电体的关系是：大地（杆塔）→绝缘体→人体→绝缘工具→带电体。

等电位作业是作业人员保持与带电体（导线）同一电位的作业，此时，人体与带电体的关系是：带电体（人体）→绝缘体→大地（杆塔）。三种作业方式的区别及特点如图1-1所示。

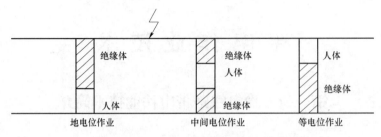

图1-1 三种作业方式的区别及特点

二、国外带电作业技术的发展

1. 苏联的带电作业

苏联在20世纪30年代首次进行输电线路带电作业试验，这些作业包括用绝缘工具检测绝缘子及更换线路金具。

20世纪40年代，等电位作业这一新的带电检修方法已得到应用并开始推广，第一本带电作业操作规程已经制定。到20世纪50年代中期，带电作业技术已经普及到苏联全国电力系统75%的地区，在这些地区中，线路抢修工作有85%采用带电作业，带电作业内容包括绝缘检测、压接管电阻测量、涂刷防腐漆等。

1959~1962年，根据35~110kV带电作业经验，开展了6~10kV配电线路的带电维修。330~750kV线路建成后，考虑到输电线路及系统需要更高的运行可靠性及经济因素，带电作业进一步成为重点工作。

330~750kV输电线路的带电作业已发展了一套完整、规范的操作方法，并配有专业化的装备。另外，随着1150kV特高压线路的建设，对1150kV输电线路的带电作业技术也有了少量探索性研究。

2. 美国的带电作业

线路带电作业工具于1913年最早出现在美国俄亥俄州，这些工具是木制的。在第一次世界大战与第二次世界大战期间，美国由于经济萧条，在电力开发应用中十分注重经济性，因此采用带电作业方法为用户提供不间断供电，推动了带电作业的发展。随着电压等级的不断提高，需要绝缘性能更完善的带电操作杆，1946年Chance公司采用了塑料套木杆，20世纪50年代Chance公司研制了玻璃纤维增强型合成树脂管。目前，美国各主要电力公司都配有专门的带电作业队伍和培训基地，如弗吉尼亚州电力局就有输、变、配带电作业培训场，10~750kV线路均开展带电作业检修和运行维护，洛杉矶水电局则研制了专用的带电水冲洗车，不少电力单位还开展了直升机带电检修作业项目。

3. 加拿大的带电作业

加拿大从1929年开始在110kV线路上带电测试绝缘子串。20世纪30年代后开始在

220kV 线路上开展带电作业。1959 年以后开始在 460kV 线路上开展带电作业,美国电力公司、加拿大安大略水电局、魁北克水电局在 1960～1967 年联合开展了等电位带电作业技术研究,并成立了一个工作组制定标准及进行技术和方法的评定工作。

4. 英国的带电作业

英国在 20 世纪 40 年代开始用操作杆测量绝缘子串的电压分布,1965 年开始对输电线路的带电作业进行了一系列研究工作,从 1967 年开始在 400kV 线路上开展等电位带电作业,目前欧洲带电作业更多应用在配电线路上,而在输电线路上相对减少,这主要是考虑输电网有较多备用设备。

5. 法国的带电作业

1960 年以来,法国成立了带电作业技术委员会和带电作业试验研究所,对带电作业技术主要研究了以下方面:① 安全性分析(包括带电作业原理、安全规程、人员培训和监督方法);② 作业方法(包括采用工具的间接作业法、戴橡胶手套的配电线路直接作业法、输电线路的等电位作业法);③ 工具设备(包括参数、性能的确定,各种工具的操作方法和使用范围)。

6. 德国的带电作业

德国从 1971 年开始采用带电作业,从配电线路到 400kV 输电线路都开展带电作业项目。主要开展项目有绝缘子串的更换、导线的修补、配件的检查和更换、绝缘装置的清洗、带电设备的涂漆、间隔棒的检查和更换。

7. 日本的带电作业

日本的带电作业已逐步向机械化、自动化方向发展,与过去相比,输电线路的带电作业相对减少,配电线路的带电作业相对增多,原因是:① 许多地方已形成多回路环网供电;② 输电线路故障率相对减少,而对配电网的供电可靠性却提出了更高的要求,要求向完全不停电的方向发展。日本电力部门的目标是:使配电线路的带电作业全面实现机械化。

过去,以减小停电范围的带电作业法为主,还不能做到完全不停电检修。为了提高供电可靠性,现在积极推广完全不停电作业法,并为此开发了一系列机械化作业工具和设备,它们包括高压发电机车、低压发电机车、高压电缆旁路车、变压器车、低压不停电切换装置、事故点探查车、配电线路带电作业机械手以及其他用于直接带电作业法和间接带电作业法的工具及配套设施。

三、我国带电作业技术的发展

我国的带电作业起步于 20 世纪 50 年代初,当时的电力工业基础薄弱、网架单薄、设备陈旧,经常需要停电检修和处理缺陷。由于生产上的迫切需要,1953～1957 年鞍山电业局首先在 33～66kV 配电线路上研究探索带电更换和检修设备。1957 年东北电业管理局首次在 154～220kV 高压线路上进行了不停电检修,1958 年又进一步研究等电位作业的技术问题,并成功在 220kV 线路上首次进行了等电位带电检修线夹的工作。随后,带电作业在全国推广应用,从 10kV 配电线路到 500kV 输电线路的检测与更换绝缘子、线夹、间隔棒等常规项目到带电升高、移位杆塔等复杂项目均有开展。近年来，又进一步开展了紧凑型线路，同塔多回线路，750kV线路和特高压交、直流输电线路带电作业的研究及应用。

我国针对500～1000kV交流输电线路带电作业已经开展了大量的研究工作，得到了各电压等级的带电作业安全距离等技术数据，研制了带电作业防护用具、绝缘工器具等器材，并提出了一系列的带电作业技术导则、工器具技术条件等标准规范。

在安全作业间隙方面，通过模拟试验（如图1-2所示），获取了500、750、1000kV单回、双回及紧凑型输电线路带电作业间隙的放电特性曲线，并按照危险率小于10^{-5}的要求，提出了各电压等级的安全距离、组合间隙等要求。

在带电作业安全防护方面，计算并实测了带电作业人员体表场强（如图1-3所示），分析研究了特高压带电作业电位转移电流（如图1-4所示），有效防护带电作业过程中的电场、脉冲电流及泄漏电流对作业人员的影响。

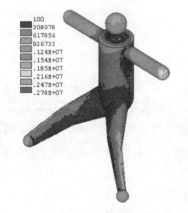

图1-2　带电作业间隙放电特性试验

图1-3　带电作业人员体表场强计算分析　　　图1-4　作业人员电位转移试验研究

在带电作业工器具研制方面，按照带电作业安全要求，研制了带电作业屏蔽服、静电防护服、带电作业提线工具、绝缘硬梯等工器具。在带电作业标准化、规范化方面，制定了220～500、750、1000kV带电作业技术导则，并编制了标准化作业指导书，开发了带电作业仿真培训系统，对带电作业现场操作进行了标准化、规范化，有效推进了输电线路带电作业的安全开展。220～500kV采用吊篮进出等电位如图1-5所示，带电作业仿真培训系统如图1-6所示。

图 1－5　220～500kV 采用吊篮进出等电位　　　　图 1－6　带电作业仿真培训系统

第二节　绝缘斗臂车简介

一、绝缘斗臂车的定义

带电作业用绝缘斗臂车是具有工作斗、绝缘臂、液压控制系统的高空作业车，可以将作业人员送入作业位置，其工作斗提供了安全的高空保护，其绝缘臂保证了作业人员对地的电气绝缘，从而避免了高空坠落风险，减轻了作业强度，提高了作业效率。根据绝缘斗臂车工作臂伸展结构类型分为：伸缩臂式、折叠臂式、混合式，如图 1－7 所示。

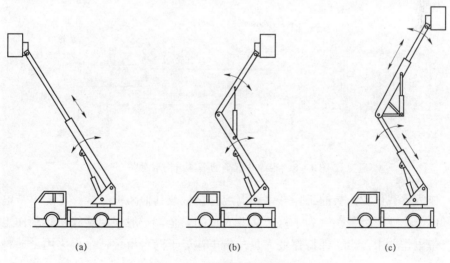

(a)　　　　　　　　　　(b)　　　　　　　　　　(c)

图 1－7　工作臂伸展结构类型
（a）伸缩臂式；（b）折叠臂式；（c）混合式

绝缘斗臂车按高度一般可分为：6、8、10、12、16、20、25、30、35、40、50、60、70m 等。绝缘斗臂车根据作业线路电压等级可分为：10、35、46、63（66）、110、220、330、345、500、765kV 等。

为了保证使用绝缘斗臂车进行带电作业的人员安全，斗臂车的工作斗、工作臂、控制油路和线路、斗臂结合部都能满足一定的绝缘性能指标，并带有接地线。只采用工作斗绝缘的高空作业车一般不列入绝缘斗臂车范围。

二、绝缘斗臂车的主要结构

绝缘斗臂车作为一种特种高空作业车，一般由车辆底盘和工作臂两大部件组成，其中车辆底盘提供车辆行驶、稳定支撑、动力输出以及系统控制等功能；而工作臂作为高空作业的起升、下降的主要部件，包括作业臂本体、液压系统、工作斗以及操纵系统等。其中液压系统和作业臂需要采用绝缘设计，确保带电作业时的系统额定电压和过电压。绝缘斗臂车的基本结构示意图如图1-8所示。

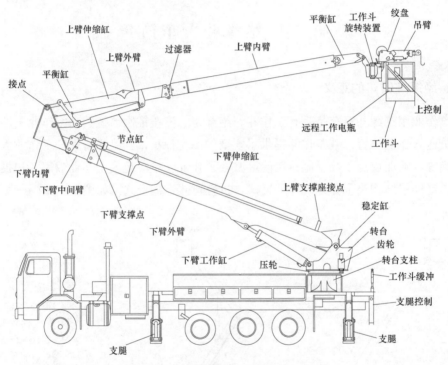

图1-8 绝缘斗臂车的基本结构示意图

同时作为承载作业人员的工作斗，四周应有护栏或其他防护结构。在配电带电作业中使用时，由于作业环境复杂，为了保障作业人员的安全，一般采用绝缘材料制作工作斗；而在输电带电作业中，为了保持作业人员与带电体处于同一电位，一般采用金属材料制作工作斗。

三、绝缘斗臂车带电作业的应用情况

绝缘斗臂车在国内外的配网带电作业中得到了广泛的应用，这得益于绝缘斗臂车能快速把作业人员送到适当的作业位置，并且其工作斗提供了安全的高空保护，其绝缘臂保证了作业人员对地的电气绝缘，极大提高了作业效率和安全性。目前，我国在35kV及以下配电线路带电作业中已经广泛采用了绝缘斗臂车。

近年来，有少数省公司购置了可用于 110kV 和 220kV 输电线路的带电作业用绝缘斗臂车，但均未在 220～500kV 线路上进行过实际应用。而美国、法国等国家已将绝缘斗臂车使用至 400、500kV 和 765kV 等电压等级输电线路带电作业。输电线路带电作业用绝缘斗臂车，可以快速地把作业人员送入作业位置，进入等电位后能长时间进行作业，克服了直升机作业平台法带电作业过程中存在的作业范围占据空间大，以及不能长时间悬停等不足。国外利用绝缘斗臂车进行输电线路、变电站带电作业的图片如图 1-9～图 1-11 所示。

图 1-9　斗臂车在输电线路档中作业

图 1-10　斗臂车在输电线路耐张塔作业

图 1-11　斗臂车在变电站作业

第二章

绝缘斗臂车带电作业安全间隙

带电作业用绝缘斗臂车是具有工作斗、绝缘臂、液压控制系统的高空作业车，可以将作业人员送入作业位置，其工作斗提供了安全的高空保护，其绝缘臂保证了作业人员对地的电气绝缘，从而避免了高空坠落风险，减轻了作业强度，提高了作业效率。35kV 及以下配电线路带电作业用绝缘斗臂车在国内已经广泛使用，但 220～500kV 输电线路带电作业用绝缘斗臂车还没有相关使用经验。为了给 220～500kV 绝缘斗臂车的应用提供技术依据，需通过相关试验研究，确定带电作业时的最小安全距离和组合间隙。结合 220～500kV 输电线路塔型和金属工作斗的结构特点，进行有针对性的试验和计算，从而确定 220～500kV 线路绝缘斗臂车带电作业安全距离。

第一节　安全间隙试验条件与计算方法

一、试验条件

依据《国家电网公司输变电工程典型设计》选取了 220kV 和 500kV 单回和双回输电线路典型杆塔，如图 2-1 和图 2-2 所示。

试验在中国电力科学研究院特高压交流试验基地户外场进行，所使用的试验设备有：5400kV、527kJ 冲击电压发生器；5400kV 低阻尼串联阻容分压器；7500kV 冲击电压发生器；7500kV 低阻尼串联阻容分压器；4800kV 冲击电压发生器；64M 型峰值电压表；Tek TDS340 示波器。经校正，整个测量系统的总不确定度小于 3%。试验区布置如图 2-3 所示。

试验采用的模拟工作斗按 1:1 尺寸制作，500kV 绝缘斗臂车的工作斗的尺寸为：长 2.3m、宽 1.2m、高 1.2m，220kV 绝缘斗臂车的工作斗的尺寸为：长 1.3m、宽 0.7m、高 1.1m。模拟人由铝合金制成，与实际人体的形态及结构一致，四肢可以自由弯曲，以便调整其各种姿态。模拟人站姿高为 1.8m，坐姿高为 1.45m，身宽为 0.5m。

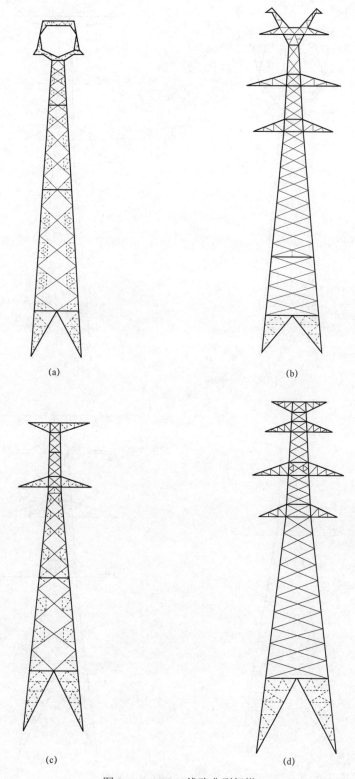

图 2-1　220kV 线路典型杆塔

（a）220kV 单回直线塔；（b）220kV 双回直线塔；（c）220kV 单回耐张塔；（d）220kV 双回耐张塔

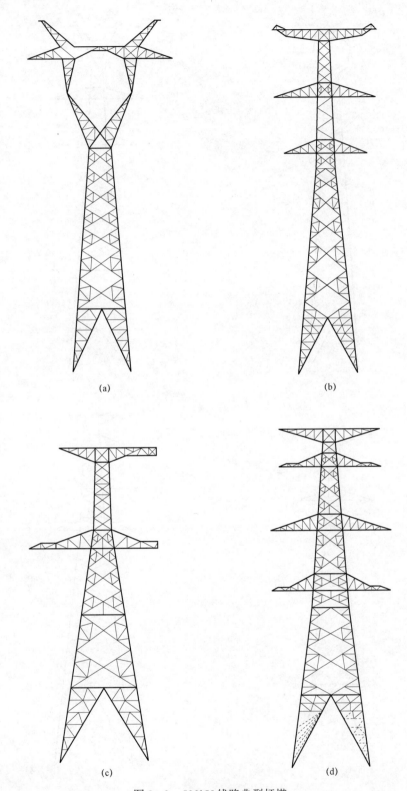

图 2-2 500kV 线路典型杆塔

（a）500kV 单回直线塔；（b）500kV 双回直线塔；（c）500kV 单回耐张塔；（d）500kV 双回耐张塔

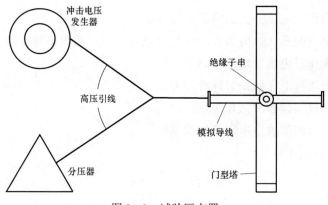

图 2-3　试验区布置

二、带电作业间隙操作冲击放电特性

IEC 60071-2—1996 *Insulation Coordination Part 2 Application Guide* 推荐的空气间隙缓波前过电压绝缘特性的经验公式如下

$$\begin{cases} U_{50} = KU_{50RP} \\ U_{50RP} = 500d^{0.6} \end{cases} \tag{2-1}$$

式中　U_{50}——间隙的操作冲击 50%放电电压；

　　　　d——空气间隙距离；

　　　　K——间隙系数；

　　U_{50RP}——相应电压波形及间隙距离下棒—板间隙操作冲击 50%放电电压。

对于边相和中相最小安全距离及最小组合间隙，可根据各典型带电作业间隙的操作冲击放电试验数据，计算求取 K，得出该间隙结构的操作冲击放电电压公式。

三、带电作业危险率计算

计算带电作业危险率是通用的检验带电作业安全程度的方法，在 GB/T 18037《带电作业工具基本技术要求及设计导则》标准中，一般认为危险率在 1.0×10^{-5} 以下时，带电作业是安全的。

带电作业危险率是指带电作业间隙的绝缘损坏概率。按照统计的方法，系统操作过电压的概率分布和空气间隙击穿的概率分布假定都服从正态分布，那么带电作业的危险率可由下式计算得到

$$R_0 = \frac{1}{2} \int_0^\infty P_0(u) P_d(u) \mathrm{d}u \tag{2-2}$$

$$P_0(u) = \frac{1}{\sigma \sqrt{2\pi}} \cdot \mathrm{e}^{-\frac{1}{2}\left(\frac{u - U_m}{\sigma}\right)^2} \tag{2-3}$$

$$P_d(u) = \int_0^u \frac{1}{\sigma_d \sqrt{2\pi}} \cdot \mathrm{e}^{-\frac{1}{2}\left(\frac{u - U_{50}}{\sigma_d}\right)^2} \tag{2-4}$$

式中 $P_0(u)$——操作过电压幅值的概率密度函数；

        $P_d(u)$——空气间隙在幅值为 u 的操作过电压下击穿的概率分布函数；

        U_m——操作过电压平均值，kV；

        σ——操作过电压的相对标准偏差；

        U_{50}——空气间隙 50%放电电压，kV；

        σ_d——空气间隙放电电压的标准偏差。

其中 U_m 可由下式计算

$$U_m = \frac{U_{0.13\%}}{1+3\sigma_d} \qquad (2-5)$$

式中 $U_{0.13\%}$——最大操作过电压。

通过试验求取 U_{50}，根据上述数学模型编制计算程序，利用计算机进行数值积分运算可以求得相应的带电作业危险率，从而分析带电作业的安全性，确定带电作业的安全距离。

四、带电作业过电压

带电作业时，不考虑线路合闸过电压，如果在带电作业时已停用自动重合闸，过电压倍数一般较标准值低。根据 DL/T 620—1997《交流电气装置的过电压保护和绝缘配合》规定，500kV 输电线路的统计过电压 $U_{2\%}$倍数 K_e 不宜大于 2.0，220kV 输电线路的统计过电压 $U_{2\%}$倍数 K_e 不宜大于 3.0。

第二节　220kV 输电线路带电作业安全间隙

一、单回直线塔中相等电位安全距离

中相等电位人员至侧方塔窗最小安全距离试验布置示意图如图 2-4 所示。工作斗位于中相导线侧面，斗的上平面与分裂导线上沿平齐，模拟人直立于斗内，面向导线，头顶不超过均压环上沿。

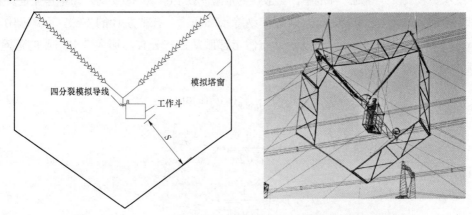

图 2-4　中相等电位人员至侧方塔窗最小安全距离试验布置示意图

改变塔窗至工作斗间的距离（S），求取 U_{50}。U_{50} 随 S 的变化曲线如图 2-5 所示。

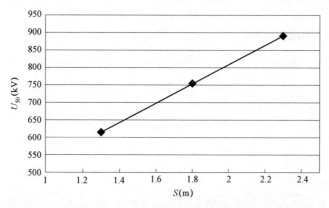

图 2-5　中相等电位人员至侧方塔窗最小安全距离放电特性曲线

当系统最高工作电压为 253kV，根据最小安全距离操作冲击放电特性及不同海拔下的海拔校正系数，可计算得到可接受的最小间隙距离（满足可以接受的最大危险率水平时的间隙距离）。对各可接受的最小间隙距离适当取整后，得到中相最小间隙距离及对应的 U_{50} 和危险率示见表 2-1。

表 2-1　　　　　　　　　　　中相最小间隙距离及对应的 U_{50} 和危险率

最大过电压 （标幺值）	海拔 （m）	海拔修正后 U_{50}（kV）	最小间隙距离 （m）	危险率 $\times 10^{-6}$
	0	762	1.9	4.32
	500	772	2.0	2.54
3.00	1000	773	2.1	2.41
	1500	774	2.2	2.28
	2000	774	2.3	2.28

二、单回直线塔边相地电位安全距离

边相横担地电位安全距离试验布置示意图如图 2-6 所示。工作斗位于边相横担侧面，与横担保持电气连接，模拟人直立于斗内，面向横担。

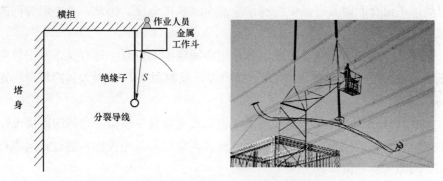

图 2-6　边相横担地电位安全距离试验布置示意图

改变模拟导线至工作斗之间的距离（S），通过试验求取 U_{50}，图 2-7 为相应 U_{50} 随 S 的变化曲线。

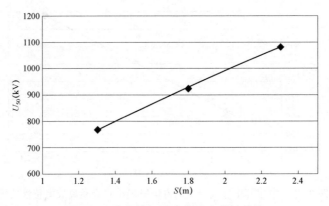

图 2-7　边相横担地电位放电特性曲线

当系统最高工作电压为 253kV，根据最小安全距离操作冲击放电特性及不同海拔下的海拔校正系数，可计算得到可接受的最小间隙距离（满足可以接受的最大危险率水平时的间隙距离）。对各可接受的最小间隙距离适当取整后，得到边相地电位最小间隙距离及对应的 U_{50} 和危险率见表 2-2。

表 2-2　　　　　　　　　边相地电位最小间隙距离及对应的 U_{50} 和危险率

最大过电压 （标幺值）	海拔 （m）	海拔修正后 U_{50}（kV）	最小间隙距离 （m）	危险率 ×10⁻⁶
3.00	0	761	1.3	4.55
	500	772	1.4	2.54
	1000	783	1.5	1.40
	1500	792	1.6	8.61
	2000	770	1.6	2.82

三、单回直线塔中相组合间隙

根据已进行的大量杆塔试验可知：对于某一组合间隙，在人体离开导线（高电位）的某一位置处，该组合间隙具有最低的操作冲击 50% 放电电压。因此，最小组合间隙试验分为两个部分进行：

（1）固定 $S_C = S_1 + S_2$ 不变，改变人体在组合间隙中的位置，进行操作冲击放电试验，求取最低放电电压位置。其中 S_1 为人体距模拟导线的距离，S_2 为人体距塔身的距离。S_C 为 S_1 与 S_2 之和。

（2）将模拟人吊放在最低放电位置处不变，改变塔身与模拟人之间的距离（S_2），进行操作冲击放电试验，求取相应的 50% 放电电压；再根据其放电曲线，通过危险率计算，求出最小组合间隙（S_C）值。

中相组合间隙试验布置示意图如图 2-8 所示。工作斗位于中相导线侧面，模拟人直立于斗内，面向导线。

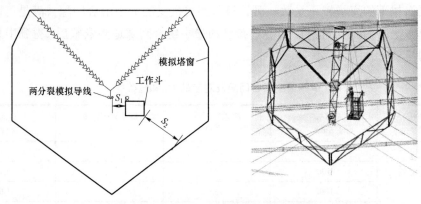

图 2-8　中相组合间隙试验布置示意图

（1）最低放电点位置试验。取总间隙 $S_C = 2.1\text{m}$ 不变，分别改变 S_1/S_2 为：0m/2.1m、0.2m/1.9m、0.4m/1.7m、0.6m/1.5m、0.8m/1.3m、1.0m/1.1m，通过试验求取其操作冲击 50% 放电电压。图 2-9 为相应的 U_{50} 随 S_1 的变化曲线。

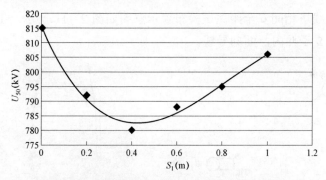

图 2-9　中相组合间隙试验 U_{50} 随 S_1 的变化曲线

由结果可知，最低放电位置在模拟人距导线（高电位）0.4m 处。

（2）中相组合间隙操作冲击放电试验。取 $S_1 = 0.4\text{m}$，改变 S_2 分别为 1.2、1.7、2.2m，进行操作冲击放电试验，图 2-10 为中相组合间隙放电特性曲线。

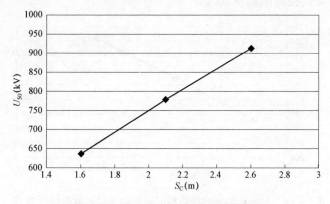

图 2-10　中相组合间隙放电特性曲线

（3）最小组合间隙。当系统最高工作电压为253kV，根据最小安全距离操作冲击放电特性及不同海拔下的海拔校正系数，可计算得到可接受的最小组合间隙（满足可以接受的最大危险率水平时的组合间隙）。对各可接受的最小组合间隙适当取整后，得到中相最小组合间隙及对应的 U_{50} 和危险率见表 2-3。

表 2-3　　　　　　　　　中相最小组合间隙及对应的 U_{50} 和危险率

最大过电压（标幺值）	海拔（m）	海拔修正后 U_{50}（kV）	最小间隙距离（m）	危险率 $\times 10^{-6}$
3.0	0	750	2.1	8.15
	500	747	2.2	9.49
	1000	765	2.4	3.68
	1500	763	2.5	4.09
	2000	761	2.6	4.55

四、单回直线塔相间安全距离

220kV 单回直线塔相间安全距离试验布置示意图如图 2-11 所示。工作斗位于边相导线内侧，模拟人直立于斗内，面向导线。

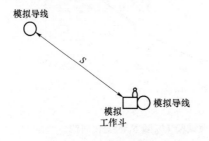

图 2-11　220kV 单回直线塔相间安全距离试验布置示意图

改变模拟导线至工作斗之间的距离（S），通过试验求取 U_{50}，图 2-12 为 220kV 单回直线塔相间安全距离试验放电特性曲线。

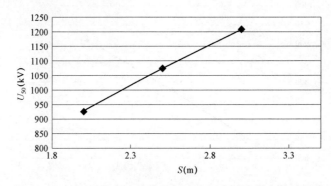

图 2-12　220kV 单回直线塔相间安全距离试验放电特性曲线

当系统最高工作电压为 253kV，根据相间最小安全距离操作冲击放电特性及不同海拔下的海拔校正系数，可计算得到可接受的相间最小间隙距离（满足可以接受的最大危险率水平时的间隙距离）。对各可接受的最小间隙距离适当取整后，得到的相间最小间隙距离及对应的 U_{50} 和危险率见表 2−4。

表 2−4　　　　220kV 单回直线塔相间最小间隙距离及对应 U_{50} 和危险率

最大过电压（标幺值）	海拔（m）	海拔修正后 U_{50}（kV）	最小间隙距离（m）	危险率 ×10⁻⁶
4.4	0	1100	2.7	8.09
	500	1106	2.8	6.54
	1000	1106	2.9	6.54
	1500	1106	3.0	6.54
	2000	1106	3.1	6.54

五、单回直线塔相间组合间隙

220kV 单回直线塔组合间隙试验布置示意图如图 2−13 所示。工作斗位于中相导线侧面，模拟人直立于斗内，面向导线。

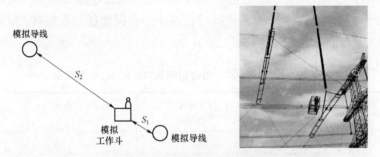

图 2−13　220kV 单回直线塔组合间隙试验布置示意图

（1）最低放电点位置试验。取总间隙 S_C = 2.5m 不变，分别改变 S_1/S_2 为：0m/2.5m、0.2m/2.3m、0.4m/2.1m、0.6m/1.9m、0.8m/1.9m、1.0m/1.5m，通过试验求取其操作冲击 50%放电电压。图 2−14 为相应的 U_{50} 随 S_1 的变化曲线。

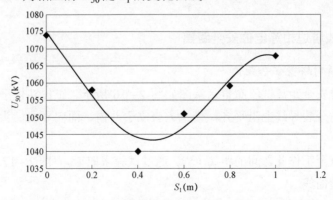

图 2−14　220kV 单回直线组合间隙 U_{50} 随 S_1 的变化曲线

由结果可知，最低放电位置在模拟人距导线（高电位）0.4m 处。

（2）中相组合间隙操作冲击放电试验。取 $S_1 = 0.4$m，改变 S_2 分别为 1.6、2.1、2.6m，进行操作冲击放电试验，图 2－15 为 220kV 单回直线塔组合间隙放电特性曲线。

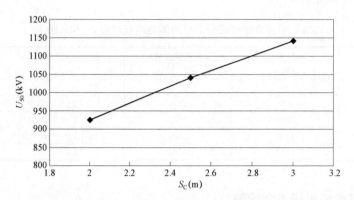

图 2－15　220kV 单回直线塔组合间隙放电特性曲线

（3）最小组合间隙。当系统最高工作电压为 253kV，根据最小安全距离操作冲击放电特性及不同海拔下的海拔校正系数，可计算得到可接受的最小组合间隙（满足可以接受的最大危险率水平时的组合间隙）。对各可接受的最小组合间隙适当取整后，得到的最小组合间隙及对应的 U_{50} 和危险率见表 2－5。

表 2－5　　　　　　220kV 单回直线塔最小组合间隙及对应的 U_{50} 和危险率

最大过电压 （标幺值）	海拔 （m）	海拔修正后 U_{50}（kV）	最小间隙距离 （m）	危险率 $\times 10^{-6}$
4.40	0	1100	2.8	8.09
	500	1115	3.0	4.74
	1000	1113	3.1	5.09
	1500	1112	3.2	5.28
	2000	1111	3.3	5.47

六、双回直线塔边相等电位安全距离

1. 等电位人员对塔身安全距离

工作斗对塔身安全距离试验布置示意图如图 2－16 所示。工作斗位于边相导线内侧，工作斗的上平面与分裂导线上沿平齐，模拟人直立于斗内，面向导线，头顶不超过均压环上沿。

改变模拟塔身至工作斗之间的距离（S），通过试验求取 U_{50}，图 2－17 为工作斗到塔身安全距离试验特性曲线。

当系统最高工作电压为 253kV，根据最小安全距离操作冲击放电特性及不同海拔下的

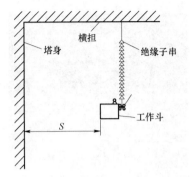

图 2-16 工作斗对塔身安全距离试验布置示意图

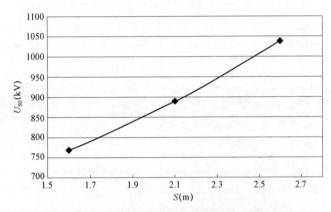

图 2-17 工作斗到塔身安全距离试验特性曲线

海拔校正系数，可计算得到可接受的最小间隙距离（满足可以接受的最大危险率水平时的间隙距离）。对各可接受的最小间隙距离适当取整后，得到的最小间隙距离及对应的 U_{50} 和危险率见表 2-6。

表 2-6　　　边相等电位人员到侧面塔身的最小间隙距离及对应的 U_{50} 和危险率

最大过电压 （标幺值）	海拔 （m）	海拔修正后 U_{50}（kV）	最小间隙距离 （m）	危险率 $\times 10^{-6}$
	0	700	1.4	9.87
	500	705	1.5	7.76
3.00	1000	711	1.6	5.60
	1500	717	1.7	4.32
	2000	722	1.8	3.37

2. 等电位人员对上横担安全距离

等电位人员头顶到横担安全距离试验布置如图 2-18 所示。工作斗位于边相导线外侧，模拟人直立于斗内，面向导线。

改变上横担至模拟人头顶之间的距离（S），通过试验求取 U_{50}，图 2-19 为等电位人员对头顶横担放电特性曲线。

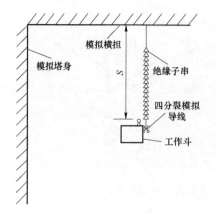

图 2-18　等电位人员头顶到横担安全距离试验布置示意图

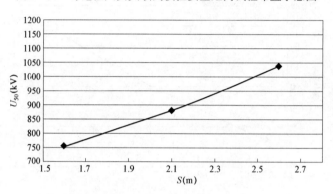

图 2-19　等电位人员对头顶横担放电特性曲线

当系统最高工作电压为 253kV，根据最小安全距离操作冲击放电特性及不同海拔下的海拔校正系数，可计算得到可接受的最小间隙距离（满足可以接受的最大危险率水平时的间隙距离）。对各可接受的最小间隙距离适当取整后，得到的最小间隙距离及对应的 U_{50} 和危险率见表 2-7。

表 2-7　　　　等电位人员对头顶横担最小间隙距离及对应的 U_{50} 和危险率

最大过电压 （标幺值）	海拔 （m）	海拔修正后 U_{50}（kV）	最小间隙距离 （m）	危险率 $\times 10^{-6}$
3.00	0	702	1.3	8.97
	500	706	1.4	7.40
	1000	714	1.5	5.00
	1500	722	1.6	3.37
	2000	701	1.6	9.41

3. 等电位人员对下横担安全距离试验

等电位人员对下横担安全距离试验布置示意图如图 2-20 所示。工作斗位于边相导线外侧，模拟人直立于斗内，面向导线。

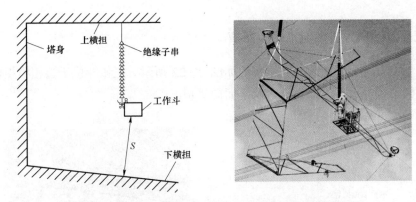

图2-20 等电位人员对下横担安全距离试验布置示意图

改变下横担至模拟工作斗底部之间的距离（S），通过试验求取 U_{50}，图2-21 等电位人员对下横担安全距离试验放电特性。

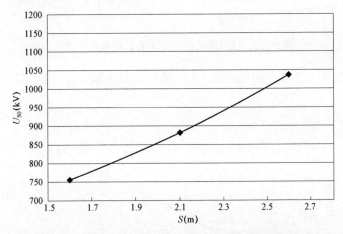

图2-21 等电位人员对下横担安全距离试验放电特性

当系统最高工作电压为 253kV，根据最小安全距离操作冲击放电特性及不同海拔下的海拔校正系数，可计算得到可接受的最小间隙距离（满足可以接受的最大危险率水平时的间隙距离）。对各可接受的最小间隙距离适当取整后，得到的最小间隙距离及对应的 U_{50} 和危险率见表2-8。

表2-8　　　　等电位人员对下横担最小间隙距离及对应的 U_{50} 和危险率

最大过电压 （标幺值）	海拔 （m）	海拔修正后 U_{50}（kV）	最小间隙距离 （m）	危险率 $\times 10^{-6}$
3.00	0	705	1.5	7.76
	500	698	1.6	2.62
	1000	705	1.6	7.76
	1500	710	1.7	6.09
	2000	715	1.8	4.77

七、双回直线塔边相地电位安全距离

边相地电位安全距离试验布置示意图如图 2-22 所示。工作斗位于边相横担侧面，与横担保持电气连接，模拟人直立于斗内，面向横担。

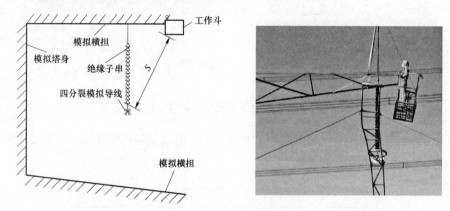

图 2-22　边相地电位安全距离试验布置示意图

改变模拟导线至工作斗之间的距离（S），通过试验求取 U_{50}，图 2-23 为边相地电位放电特性曲线。

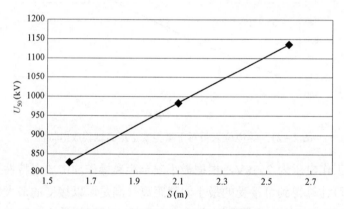

图 2-23　边相地电位放电特性曲线

当系统最高工作电压为 253kV，根据最小安全距离操作冲击放电特性及不同海拔下的海拔校正系数，可计算得到可接受的最小间隙距离（满足可以接受的最大危险率水平时的间隙距离）。对各可接受的最小间隙距离适当取整后，得到的最小间隙距离及对应的 U_{50} 和危险率见表 2-9。

表 2-9　　　　　　　边相地电位最小间隙距离及对应的 U_{50} 和危险率

最大过电压（标幺值）	海拔（m）	海拔修正后 U_{50}（kV）	最小间隙距离（m）	危险率 $\times 10^{-6}$
3.00	0	705	1.3	7.76
	500	709	1.3	6.39

最大过电压 （标幺值）	海拔 （m）	海拔修正后 U_{50}（kV）	最小间隙距离 （m）	危险率 $\times 10^{-6}$
	1000	720	1.4	3.72
3.00	1500	730	1.5	2.26
	2000	709	1.5	6.39

八、双回直线塔边相组合间隙

1. 导线—工作斗—塔身组合间隙试验

边相组合间隙试验布置示意图如图2-24所示。工作斗位于边相导线侧面，模拟人直立于斗内，面向导线。

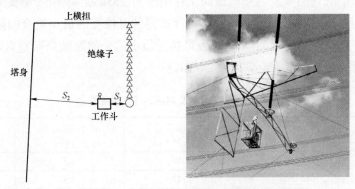

图2-24 边相组合间隙试验布置示意图

（1）最低放电点试验。取总间隙 S_C=2.1m 不变，分别改变 S_1/S_2 为：0m/2.1m、0.2m/1.9m、0.4m/1.7m、0.6m/1.5m、0.8m/1.3m、1.0m/1.1m，通过试验求取其操作冲击50%放电电压。图2-25为相应的 U_{50} 随 S_1 的变化曲线。

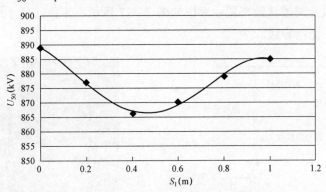

图2-25 最低放电电点试验放电特性曲线

由结果可知，最低放电位置在模拟人距导线（高电位）0.4m处。

（2）边相组合间隙操作冲击放电试验。取 S_1=0.4m，改变 S_2 分别为1.2、1.7、2.2m，进行操作冲击放电试验，图2-26为边相组合间隙放电特性曲线。

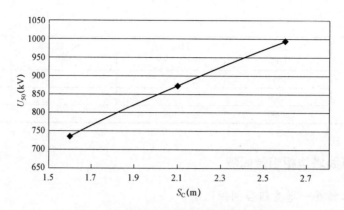

图 2-26　边相组合间隙放电特性曲线

（3）边相最小组合间隙。当系统最高工作电压为 253kV，根据最小安全距离操作冲击放电特性及不同海拔下的海拔校正系数，可计算得到可接受的最小组合间隙（满足可以接受的最大危险率水平时的组合间隙）。对各可接受最小组合间隙适当取整后，得到的边相最小组合间隙及对应的 U_{50} 和危险率见表 2-10。

表 2-10　边相最小组合间隙及对应的 U_{50} 和危险率

最大过电压（标幺值）	海拔（m）	海拔修正后 U_{50}（kV）	最小间隙距离（m）	危险率 $\times 10^{-6}$
3.00	0	705	1.5	7.76
	500	713	1.6	5.26
	1000	718	1.7	4.1
	1500	723	1.8	3.21
	2000	702	1.8	8.97

2. 导线—工作斗—下方横担组合间隙试验

距下方横担组合间隙试验布置示意图如图 2-27 所示。工作斗位于边相导线下方，模拟人直立于斗内，面向导线。

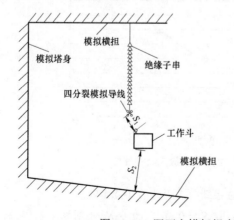

图 2-27　距下方横担组合间隙试验布置示意图

（1）最低放电点试验。取总间隙 $S_C=2.1m$ 不变，分别改变 S_1/S_2 为：0m/2.1m、0.2m/1.9m、0.4m/1.7m、0.6m/1.5m、0.8m/1.3m、1.0m/1.1m，通过试验求取其操作冲击 50%放电电压。图 2-28 为相应的 U_{50} 随 S_1 的变化曲线。

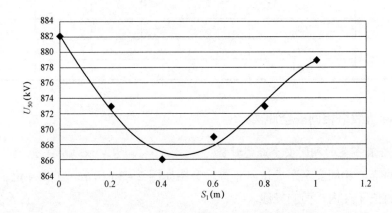

图 2-28　组合间隙最低放电点试验特性曲线

由结果可知，最低放电位置在模拟人距导线（高电位）0.4m 处。

（2）组合间隙操作冲击放电试验。取 $S_1=0.4m$，改变 S_2 分别为 1.2、1.7、2.2m，进行操作冲击放电试验，图 2-29 为距下横担组合间隙放电特性曲线。

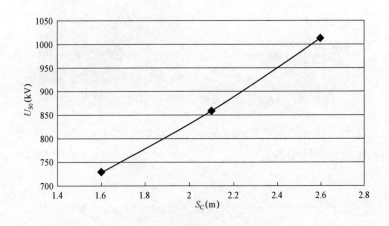

图 2-29　距下横担组合间隙放电特性曲线

（3）边相最小组合间隙。当系统最高工作电压为 253kV，根据最小安全距离操作冲击放电特性及不同海拔下的海拔校正系数，可计算得到可接受的最小组合间隙（满足可以接受的最大危险率水平时的组合间隙）。对各可接受的最小组合间隙适当取整后，得到的最小组合间隙及对应的 U_{50} 和危险率见表 2-11。

表 2-11   距下横担最小组合间隙及对应的 U_{50} 和危险率

最大过电压 （标幺值）	海拔 （m）	海拔修正后 U_{50}（kV）	最小间隙距离 （m）	危险率 $\times 10^{-6}$
	0	702	1.5	8.97
	500	713	1.6	5.26
3.00	1000	718	1.7	4.11
	1500	723	1.8	3.21
	2000	702	1.8	8.97

九、双回直线塔相间安全距离

1. 导线垂直布置的相间安全距离试验

导线垂直布置相间安全距离试验布置示意图如图 2-30 所示。工作斗位于边相导线内侧，模拟人直立于斗内，面向导线。

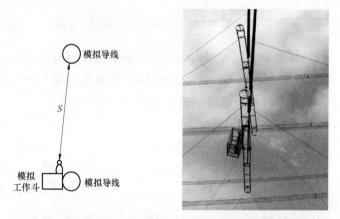

图 2-30　导线垂直布置相间安全距离试验布置示意图

改变模拟导线至工作斗之间的距离（S），通过试验求取 U_{50}，图 2-31 为导线垂直布置相间安全距离试验放电特性曲线。

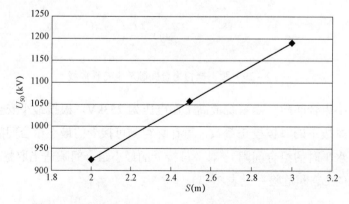

图 2-31　导线垂直布置相间安全距离试验放电特性曲线

当系统最高工作电压为 253kV,根据相间最小安全距离操作冲击放电特性及不同海拔下的海拔校正系数,可计算得到可接受的相间最小间隙距离(满足可以接受的最大危险率水平时的间隙距离)。对各可接受的最小间隙距离适当取整后,得到的相间最小间隙距离及对应的 U_{50} 和危险率见表 2-12。

表 2-12 220kV 单回直线塔相间最小间隙距离及对应 U_{50} 和危险率

最大过电压 (标幺值)	海拔 (m)	海拔修正后 U_{50}(kV)	最小间隙距离 (m)	危险率 $\times 10^{-6}$
4.40	0	1100	2.7	8.09
	500	1106	2.8	6.54
	1000	1106	2.9	6.54
	1500	1106	3.0	6.54
	2000	1106	3.1	6.54

2. 导线水平布置的相间安全距离试验

导线水平布置相间安全距离试验布置示意图如图 2-32 所示。工作斗位于边相导线内侧,模拟人直立于斗内,面向导线。

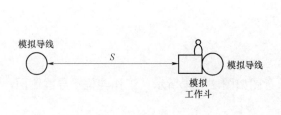 

图 2-32 导线水平布置相间安全距离试验布置示意图

改变模拟导线至工作斗之间的距离(S),通过试验求取 U_{50},图 2-33 为导线水平布置相间安全距离试验放电特性曲线。

当系统最高工作电压为 253kV,根据相间最小安全距离操作冲击放电特性及不同海拔下的海拔校正系数,可计算得到可接受的相间最小间隙距离(满足可以接受的最大危险率水平时的间隙距离)。对各可接受的最小间隙距离适当取整后,得到的相间最小间隙距离及对应的 U_{50} 和危险率见表 2-13。

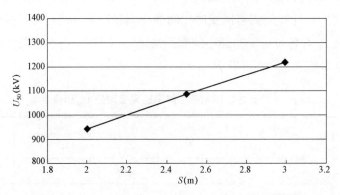

图 2-33　导线水平布置相间安全距离试验放电特性曲线

表 2-13　220kV 单回直线塔导线水平布置的相间最小间隙距离及对应的 U_{50} 和危险率

最大过电压 （标幺值）	海拔 （m）	海拔修正后 U_{50}（kV）	最小间隙距离 （m）	危险率 $\times 10^{-6}$
	0	1100	2.6	8.09
	500	1100	2.7	8.09
4.40	1000	1100	2.8	8.09
	1500	1101	2.9	7.81
	2000	1102	3.0	7.54

十、双回直线塔相间组合间隙

1. 导线水平布置的相间组合间隙

导线水平布置的组合间隙试验布置示意图如图 2-34 所示。工作斗位于导线侧面，模拟人直立于斗内，面向导线。

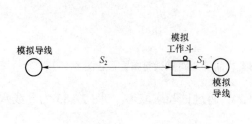

图 2-34　导线水平布置的组合间隙试验布置示意图

（1）最低放电点位置试验。取总间隙 $S_C = 2.5$m 不变，分别改变 S_1/S_2 为：0m/2.5m、0.2m/2.3m、0.4m/2.1m、0.6m/1.9m、0.8m/1.9m、1.0m/1.5m，通过试验求取其操作冲击 50%放电电压。图 2-35 为相应的 U_{50} 随 S_1 的变化曲线。

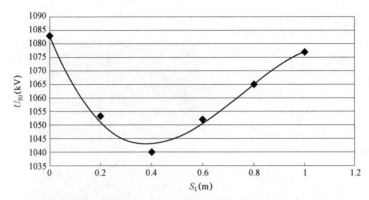

图 2-35 导线水平布置组合间隙的 U_{50} 随 S_1 的变化曲线

由结果可知，最低放电位置在模拟人距导线（高电位）0.4m 处。

（2）组合间隙操作冲击放电试验。取 $S_1=0.4$m，改变 S_2 分别为 1.6、2.1、2.6m，进行操作冲击放电试验，图 2-36 为导线水平布置的组合间隙放电特性曲线。

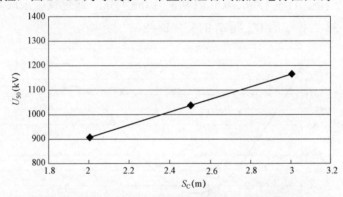

图 2-36 导线水平布置的组合间隙放电特性曲线

（3）最小组合间隙。当系统最高工作电压为 253kV，根据最小安全距离操作冲击放电特性及不同海拔下的海拔校正系数，可计算得到可接受的最小组合间隙（满足可以接受的最大危险率水平时的组合间隙）。对各可接受的最小组合间隙适当取整后，得到的最小组合间隙及对应的 U_{50} 和危险率见表 2-14。

表 2-14 导线水平布置的最小组合间隙及对应的 U_{50} 和危险率

最大过电压（标幺值）	海拔（m）	海拔修正后 U_{50}（kV）	最小间隙距离（m）	危险率 $\times 10^{-6}$
4.40	0	1100	2.8	8.09
	1	1112	2.9	5.28
	1000	1110	3.0	5.67
	1500	1109	3.1	5.88
	2000	1109	3.2	5.88

2. 导线垂直布置的相间组合间隙试验

导线垂直布置组合间隙试验布置示意图如图 2-37 所示。工作斗位于导线侧面，模拟人直立于斗内，面向导线。

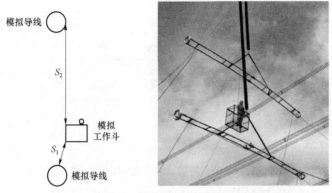

图 2-37　导线垂直布置组合间隙试验布置示意图

（1）最低放电点位置试验。取总间隙 $S_C = 2.5$m 不变，分别改变 S_1/S_2 为：0m/2.5m、0.2m/2.3m、0.4m/2.1m、0.6m/1.9m、0.8m/1.9m、1.0m/1.5m，通过试验求取其操作冲击 50% 放电电压。图 2-38 为相应的 U_{50} 随 S_1 的变化曲线。

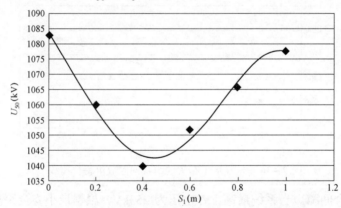

图 2-38　导线垂直布置的组合间隙 U_{50} 随 S_1 的变化曲线

由结果可知，最低放电位置在模拟人距导线（高电位）0.4m 处。

（2）中相组合间隙操作冲击放电试验。取 $S_1 = 0.4$m，改变 S_2 分别为 1.6、2.1、2.6m，进行操作冲击放电试验，图 2-39 为导线垂直布置的组合间隙放电特性曲线。

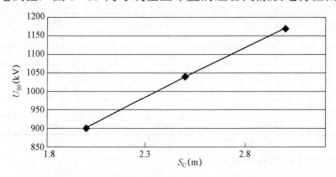

图 2-39　导线垂直布置的组合间隙放电特性曲线

（3）最小组合间隙。当系统最高工作电压为253kV，根据最小安全距离操作冲击放电特性及不同海拔下的海拔校正系数，可计算得到可接受的最小组合间隙（满足可以接受的最大危险率水平时的组合间隙）。对各可接受的最小组合间隙适当取整后，得到的最小组合间隙及对应的 U_{50} 和危险率见表2-15。

表2-15　　　　导线垂直布置的最小组合间隙及对应的 U_{50} 和危险率

最大过电压（标幺值）	海拔（m）	海拔修正后 U_{50}（kV）	最小间隙距离（m）	危险率 $\times 10^{-6}$
4.40	0	1100	2.8	8.09
	500	1102	2.9	7.54
	1000	1101	3.0	7.81
	1500	1100	3.1	8.09
	2000	1099	3.2	8.38

十一、耐张串带电作业最小组合间隙

耐张串最小组合间隙试验布置示意图如图2-40所示。工作斗位于耐张绝缘子串侧面，工作斗短边与绝缘子串平行，作业人员直立于斗内，面向导线。绝缘子串采用13片结构高度为146mm的玻璃绝缘子。工作斗宽0.7m，短接约5片绝缘子。间隙总长度 S_C 为1.9m。

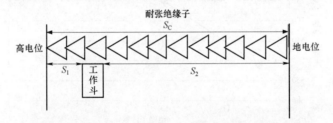

图2-40　耐张串最小组合间隙试验布置示意图

（1）耐张串组合间隙最低放电位置试验。取总间隙为13片绝缘子不变，调整模拟人距均压环距离 S_1 分别为0、2、3、5片绝缘子。通过试验求取其操作冲击50%放电电压。耐张串组合间隙工作斗在不同位置的放电特性曲线如图2-41所示。

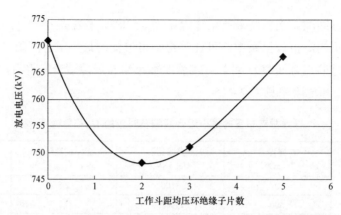

图 2-41　耐张串组合间隙工作斗在不同位置的放电特性曲线

由结果可见，耐张串最低放电位置在工作斗距均压环（高电位）绝缘子片数为 2 片处。

（2）耐张串组合间隙操作冲击放电试验。将工作斗置于距导线均压环 2 片绝缘子处，改变绝缘子串长度分别为 10、13、16 片，进行操作冲击放电试验，图 2-42 为耐张串组合间隙的放电特性曲线。

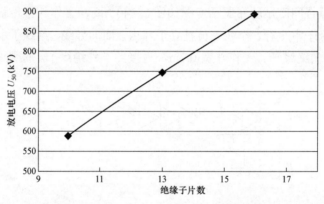

图 2-42　耐张串组合间隙的放电特性曲线

（3）耐张串最小组合间隙。当系统最高工作电压为 253kV，根据最小安全距离操作冲击放电特性及不同海拔下的海拔校正系数，可计算得到可接受的最小组合间隙（满足可以接受的最大危险率水平时的组合间隙）。对各可接受的最小组合间隙适当取整后，得到耐张串最小组合间隙及对应的 U_{50} 和危险率见表 2-16。

表 2-16　　　　　　　　　耐张串最小组合间隙及对应的 U_{50} 和危险率

最大过电压（标幺值）	海拔（m）	海拔修正后 U_{50}（kV）	最小间隙距离（m）	危险率 $\times 10^{-6}$
	0	747	1.2	8.10
	500	761	1.3	4.55
3.0	1000	774	1.4	2.28
	1500	752	1.4	7.29
	2000	764	1.5	3.88

第三节 500kV 输电线路带电作业安全间隙

一、单回直线塔中相等电位安全距离

中相等电位人员至侧方塔窗最小安全距离试验布置示意图如图 2-43 所示。工作斗位于中相导线侧面，斗的上平面与分裂导线上沿平齐，模拟人直立于斗内，面向导线，头顶不超过均压环上沿。

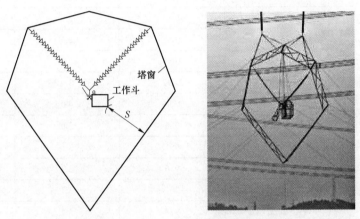

图 2-43 中相等电位人员至侧方塔窗最小安全距离试验布置示意图

改变塔窗至工作斗间的距离 S，求取 U_{50} 和变异系数 Z。中相等电位人员至侧方塔窗最小安全距离放电特性曲线如图 2-44 所示。

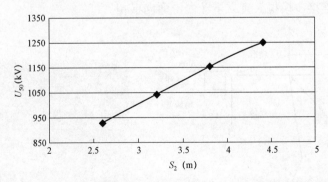

图 2-44 中相等电位人员至侧方塔窗最小安全距离放电特性曲线

当系统最高工作电压为 550kV，根据最小安全距离操作冲击放电特性及不同海拔下的海拔校正系数，可计算得到可接受的最小间隙距离（满足可以接受的最大危险率水平时的间隙距离）。对各可接受的最小间隙距离适当取整后，得到中相最小间隙距离及对应的 U_{50}

和危险率见表 2-17。

表 2-17　　　　　　　　中相最小安全距离及对应的 U_{50} 和危险率

最大过电压 （标幺值）	海拔 （m）	海拔修正后 U_{50}（kV）	最小间隙距离 （m）	危险率 $\times 10^{-6}$
2.18	0	1180	4.0	9.47
	500	1193	4.2	6.17
	1000	1186	4.3	7.78
	1500	1197	4.5	5.40
	2000	1191	4.6	6.59
2.00	0	1085	3.5	8.68
	500	1086	3.6	8.38
	1000	1098	3.8	5.44
	1500	1092	3.9	6.75
	2000	1086	4.0	8.38
1.80	0	980	3.0	7.55
	500	991	3.1	4.86
	1000	986	3.2	5.94
	1500	981	3.3	7.26
	2000	977	3.4	8.51

二、单回直线塔边相地电位安全距离

边相横担地电位安全距离试验布置示意图如图 2-45 所示。工作斗位于边相横担侧面，与横担保持电气连接，模拟人直立于斗内，面向横担。

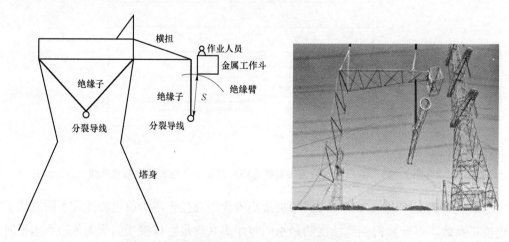

图 2-45　边相横担地电位安全距离试验布置示意图

改变模拟导线至工作斗之间的距离（S），通过试验求取 U_{50}，图 2-46 为相应 U_{50} 随 S 的变化曲线。

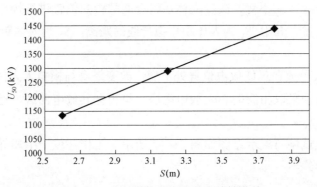

图 2-46　边相横担地电位放电特性曲线

当系统最高工作电压为 550kV，根据最小安全距离操作冲击放电特性及不同海拔下的海拔校正系数，可计算得到可接受的最小间隙距离（满足可以接受的最大危险率水平时的间隙距离）。对各可接受的最小间隙距离适当取整后，得到边相地电位最小间隙距离及对应的 U_{50} 和危险率见表 2-18。

表 2-18　　　　　　　　边相地电位最小间隙距离及对应的 U_{50} 和危险率

最大过电压 （标幺值）	海拔 （m）	海拔修后 U_{50}（kV）	最小间隙距离 （m）	危险率 ×10^{-6}
2.18	0	1180	2.8	9.85
	500	1187	2.9	7.52
	1000	1188	3.0	7.28
	1500	1213	3.2	3.16
	2000	1215	3.3	2.96
2.00	0	1082	2.4	9.73
	500	1084	2.5	9.00
	1000	1086	2.6	8.38
	1500	1087	2.7	8.08
	2000	1090	2.8	7.25
1.80	0	974	2.0	9.65
	500	974	2.1	9.56
	1000	978	2.2	8.18
	1500	981	2.3	7.26
	2000	986	2.4	5.94

三、单回直线塔中相组合间隙

根据已进行的大量杆塔试验可知：对于某一组合间隙，在人体离开导线（高电位）的某一位置处，该组合间隙具有最低的操作冲击50%放电电压。因此，最小组合间隙试验分为两个部分进行：

（1）固定 $S_C = S_1 + S_2$ 不变，改变人体在组合间隙中的位置进行操作冲击放电试验，求取最低放电电压位置。其中 S_1 为人体距模拟导线的距离，S_2 为人体距塔身的距离。S_C 为 S_1 与 S_2 之和。

（2）将模拟人吊放在最低放电位置处不变，改变塔身与模拟人之间的距离（S_2）进行操作冲击放电试验，求取相应的50%放电电压；再根据其放电曲线，通过危险率计算，求出最小组合间隙（S_C）值。

中相组合间隙试验布置示意图如图2-47所示。工作斗位于中相导线侧面，模拟人直立于斗内，面向导线。

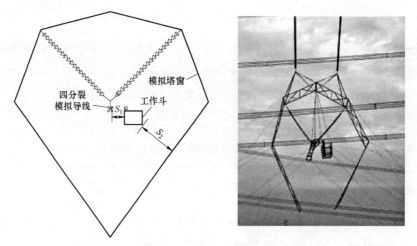

图2-47 中相组合间隙试验布置示意图

（1）最低放电点位置试验。取总间隙 $S_C = 4.0$m 不变，分别改变 S_1/S_2 为：0m/4.0m、0.2m/3.8m、0.4m/3.6m、0.7m/3.3m、1.0m/3.0m、1.2m/2.8m、1.5m/2.5m、2m/2m，通过试验求取其操作冲击50%放电电压。图2-48为相应的 U_{50} 随 S_1 的变化曲线。

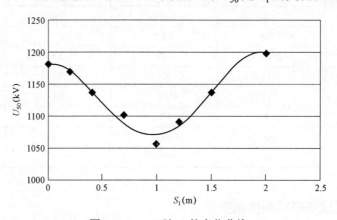

图2-48 U_{50} 随 S_1 的变化曲线

由结果可知，最低放电位置在模拟人距导线（高电位）1.0m处。

（2）中相组合间隙操作冲击放电试验。取 $S_1=1.0\text{m}$，改变 S_2 分别为 2.5、3.0、3.5m，进行操作冲击放电试验，图 2-49 为中相组合间隙放电特性曲线。

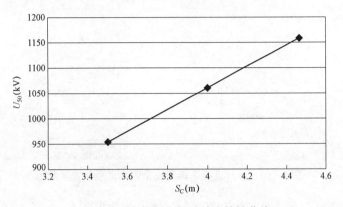

图 2-49　中相组合间隙放电特性曲线

（3）最小组合间隙。当系统最高工作电压为 550kV，根据最小安全距离操作冲击放电特性及不同海拔下的海拔校正系数，可计算得到可接受的最小组合间隙（满足可以接受的最大危险率水平时的组合间隙）。对各可接受的最小组合间隙适当取整后，得到中相最小组合间隙及对应的 U_{50} 和危险率见表 2-19。

表 2-19　　　　　　　　　　中相最小组合间隙及对应的 U_{50} 和危险率

最大过电压 （标幺值）	海拔 （m）	海拔修正后 U_{50}（kV）	最小间隙距离 （m）	危险率 $\times 10^{-6}$
2.18	0	1180	5.0	9.47
	500	1185	5.2	8.03
	1000	1189	5.4	7.04
	1500	1192	5.6	6.38
	2000	1196	5.8	5.59
2.00	0	1094	4.4	6.28
	500	1084	4.5	9.00
	1000	1089	4.7	7.52
	1500	1094	4.9	6.28
	2000	1099	5.1	5.24
1.80	0	980	3.7	7.55
	500	978	3.8	8.18
	1000	984	4.0	6.43
	1500	976	4.1	8.86
	2000	983	4.3	6.70

四、单回直线塔相间安全距离

单回直线塔相间安全距离试验布置示意图如图 2-50 所示。工作斗位于边相导线内侧，模拟人直立于斗内，面向导线。

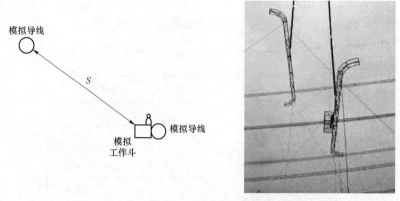

图 2-50　单回直线塔相间安全距离试验布置示意图

改变模拟导线至工作斗之间的距离（S），通过试验求取 U_{50}，图 2-51 为相应 U_{50} 随 S 的变化曲线。

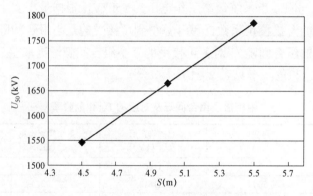

图 2-51　单回直线塔相间安全距离试验放电特性

当系统最高工作电压为 550kV，根据相间最小安全距离操作冲击放电特性及不同海拔下的海拔校正系数，可计算得到可接受的相间最小间隙距离（满足可以接受的最大危险率水平时的间隙距离）。对各可接受的最小间隙距离适当取整后，得到的相间最小间隙距离及对应的 U_{50} 和危险率见表 2-20。

表 2-20　　　　单回直线塔相间最小间隙距离及对应的 U_{50} 和危险率

最大过电压（标幺值）	海拔（m）	海拔修正后 U_{50}（kV）	最小间隙距离（m）	危险率 $\times 10^{-6}$
3.30	0	1790	5.8	8.73
	500	1788	6.0	9.11
	1000	1799	6.3	7.18
	1500	1791	6.5	8.54
	2000	1798	6.8	7.33

最大过电压 （标幺值）	海拔 （m）	海拔修正后 U_{50}（kV）	最小间隙距离 （m）	危险率 $\times 10^{-6}$
3.10	0	1680	5.2	9.73
	500	1676	5.4	9.91
	1000	1691	5.7	7.01
	1500	1686	5.9	7.87
	2000	1682	6.1	8.63
2.80	0	1520	4.4	8.46
	500	1537	4.7	5.46
	1000	1555	5.0	3.42
	1500	1553	5.2	3.60
	2000	1552	5.4	3.70

五、单回直线塔相间组合间隙

单回直线塔相间组合间隙试验布置示意图如图2-52所示。工作斗位于中相导线侧面，模拟人直立于斗内，面向导线。

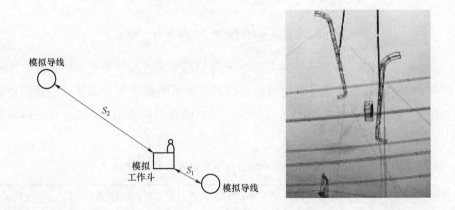

图2-52 单回直线塔相间组合间隙试验布置示意图

（1）最低放电点位置试验。取总间隙 $S_C = 5.0\text{m}$ 不变，分别改变 S_1/S_2 为：0m/5.0m、0.3m/4.7m、0.6m/4.4m、1.0m/4.0m、1.3m/3.7m、1.6m/3.4m、2.0m/3.0m、2.3m/2.7m，通过试验求取其操作冲击50%放电电压。图2-53为相应的 U_{50} 随 S_1 的变化曲线。

由结果可知，最低放电位置在模拟人距导线（高电位）1.0m处。

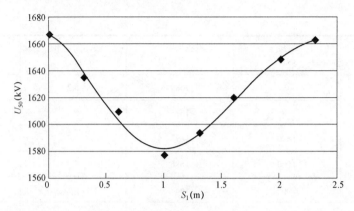

图 2-53 单回直线塔相间组合间隙 U_{50} 随 S_1 的变化曲线

（2）组合间隙操作冲击放电试验。取 $S_1 = 1.0m$，改变 S_2 分别为 3.5、4.0、4.5m，进行操作冲击放电试验，图 2-54 为相应的 U_{50} 随 S_C 的变化曲线。

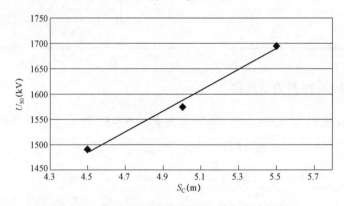

图 2-54 单回直线塔相间组合间隙放电特性曲线

（3）最小组合间隙。当系统最高工作电压为 550kV，根据最小安全距离操作冲击放电特性及不同海拔下的海拔校正系数，可计算得到可接受的最小组合间隙（满足可以接受的最大危险率水平时的组合间隙）。对各可接受的最小组合间隙适当取整后，得到的最小组合间隙及对应的 U_{50} 和危险率见表 2-21。

表 2-21　　　　　　单回直线塔相间最小组合间隙及对应的 U_{50} 和危险率

最大过电压（标幺值）	海拔（m）	海拔修正后 U_{50}（kV）	最小间隙距离（m）	危险率 $\times 10^{-6}$
3.30	0	1790	6.2	8.73
	1	1792	6.3	8.36
	1000	1792	6.4	8.36
	1500	1793	6.5	8.18
	2000	1794	6.6	8.00
3.10	0	1687	5.6	7.69
	500	1685	5.7	8.05

最大过电压 （标幺值）	海拔 （m）	海拔修正后 U_{50}（kV）	最小间隙距离 （m）	危险率 $\times 10^{-6}$
3.10	1000	1684	5.8	8.24
	1500	1683	5.9	8.43
	2000	1684	6.0	8.24
2.80	0	1520	4.7	8.46
	500	1535	4.9	5.75
	1000	1532	5.0	6.22
	1500	1531	5.1	6.38
	2000	1530	5.2	6.55

六、双回直线塔边相等电位安全距离

1. 等电位人员对塔身安全距离

工作斗对塔身安全距离试验布置示意图如图 2−55 所示。工作斗位于边相导线内侧，斗的上平面与分裂导线上沿平齐，模拟人直立于斗内，面向导线，头顶不超过均压环上沿。

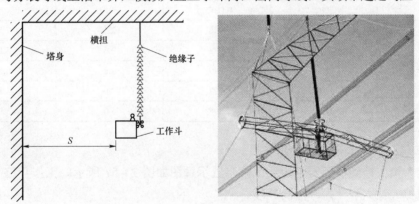

图 2−55　工作斗对塔身安全距离试验布置示意图

改变模拟塔身至工作斗之间的距离 S，通过试验求取 U_{50}，图 2−56 为工作斗到塔身安全距离试验特性曲线。

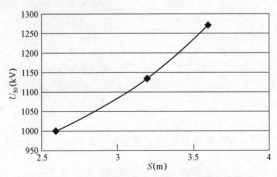

图 2−56　工作斗到塔身安全距离试验特性曲线

41

当系统最高工作电压为550kV时，根据最小安全距离操作冲击放电特性及不同海拔下的海拔校正系数，可计算得到可接受的最小间隙距离（满足可以接受的最大危险率水平时的间隙距离）。对各可接受的最小间隙距离适当取整后，得到的最小间隙距离及对应的U_{50}和危险率见表2-22。

表2-22　　　　边相等电位人员到侧面塔身的最小间隙距离及对应的U_{50}和危险率

最大过电压（标幺值）	海拔（m）	海拔修正后U_{50}（kV）	最小间隙距离（m）	危险率$\times 10^{-6}$
2.18	0	1180	3.4	9.47
	500	1194	3.6	5.97
	1000	1189	3.7	7.04
	1500	1186	3.8	7.78
	2000	1182	3.9	8.87
2.0	0	1090	3.0	7.26
	500	1088	3.1	7.80
	1000	1085	3.2	8.68
	1500	1083	3.3	9.33
	2000	1101	3.5	4.87
1.8	0	980	2.5	7.55
	500	978	2.6	8.18
	1000	999	2.8	3.51
	1500	997	2.9	3.82
	2000	996	3.0	3.97

2. 等电位人员对上横担安全距离

等电位人员头顶到横担安全距离试验布置示意图如图2-57所示。工作斗位于边相导线外侧，模拟人直立于斗内，面向导线。

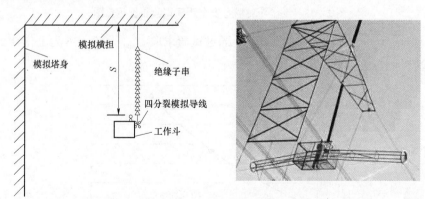

图2-57　等电位人员头顶到横担安全距离试验布置示意图

改变上横担至模拟人头顶之间的距离（S），通过试验求取U_{50}，图2-58为等电位人员对头顶横担放电特性曲线。

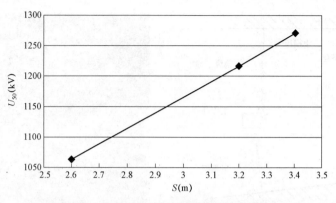

图2-58 等电位人员对头顶横担放电特性曲线

当系统最高工作电压为550kV时，根据最小安全距离操作冲击放电特性及不同海拔下的海拔校正系数，可计算得到可接受的最小间隙距离（满足可以接受的最大危险率水平时的间隙距离）。对各可接受的最小间隙距离适当取整后，得到的最小间隙距离及对应的 U_{50} 和危险率见表2-23，表中同时给出了考虑人体允许活动范围（0.5m）后的最小安全距离。

表2-23 等电位人员对头顶横担最小间隙距离及对应的 U_{50} 和危险率

最大过电压（标幺值）	海拔（m）	海拔修正后 U_{50}（kV）	最小间隙距离（m）	最小安全距离（m）	危险率 $\times 10^{-6}$
2.18	0	1182	3.1	3.6	9.47
	500	1190	3.4	3.8	6.81
	1000	1197	3.7	4.0	5.40
	1500	1179	3.7	4.2	9.78
	2000	1147	4.0	4.5	6.81
2.0	0	1090	2.7	3.2	7.26
	500	1112	2.9	3.4	3.26
	1000	1110	3.0	3.5	3.51
	1500	1109	3.1	3.6	3.64
	2000	1109	3.2	3.7	3.64
1.8	0	983	2.3	2.8	6.70
	500	990	2.4	2.9	5.06
	1000	991	2.5	3.0	4.86
	1500	991	2.6	3.1	4.86
	2000	992	2.7	3.2	4.66

3. 等电位人员对下横担安全距离试验

等电位人员对下横担安全距离试验布置示意图如图2-59所示。工作斗位于边相导线外侧，模拟人直立于斗内，面向导线。

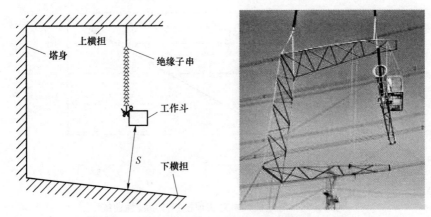

图 2-59 等电位人员对下横担安全距离试验示意图

改变下横担至模拟工作斗底部之间的距离（S），通过试验求取 U_{50}，图 2-60 为相应 U_{50} 随 S 的变化曲线。

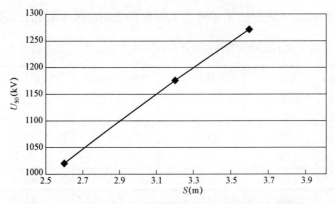

图 2-60 等电位人员到下横担安全距离试验放电特性

当系统最高工作电压为 550kV 时，根据最小安全距离操作冲击放电特性及不同海拔下的海拔校正系数，可计算得到可接受的最小间隙距离（满足可以接受的最大危险率水平时的间隙距离）。对各可接受的最小间隙距离适当取整后，得到的最小间隙距离及对应的 U_{50} 和危险率见表 2-24，表中同时给出了考虑人体允许活动范围（0.5m）后的最小安全距离。

表 2-24 等电位人员到下横担最小间隙距离及对应的 U_{50} 和危险率

最大过电压 （标幺值）	海拔 （m）	海拔修正后 U_{50}（kV）	最小间隙距离 （m）	最小安全距离 （m）	危险率 $\times 10^{-6}$
2.18	0	1198	3.4	3.9	5.23
	500	1194	3.5	4.0	5.97
	1000	1190	3.6	4.1	6.81
	1500	1188	3.7	4.2	7.28
	2000	1185	3.8	4.3	8.04

最大过电压 （标幺值）	海拔 （m）	海拔修正后 U_{50}（kV）	最小间隙距离 （m）	最小安全距离 （m）	危险率 $\times 10^{-6}$
	0	1090	2.9	3.4	7.26
	500	1086	3.0	3.5	8.38
2.0	1000	1084	3.1	3.6	9.00
	1500	1082	3.2	3.7	9.66
	2000	1101	3.4	3.9	4.87
	0	996	2.5	3.0	3.97
	500	995	2.6	3.1	4.13
1.8	1000	994	2.7	3.2	4.30
	1500	993	2.8	3.3	4.48
	2000	993	2.9	3.4	4.48

七、双回直线塔边相地电位安全距离

边相横担地电位安全距离试验布置示意图如图 2－61 所示。工作斗位于边相横担侧面，与横担保持电气连接，模拟人直立于斗内，面向横担。

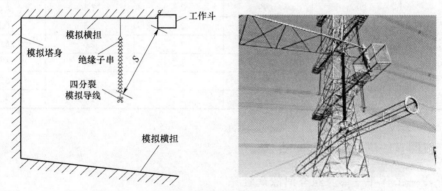

图 2－61　边相横担地电位安全距离试验布置示意图

改变模拟导线至工作斗之间的距离 S，通过试验求取 U_{50}，图 2－62 为相应 U_{50} 随 S 的变化曲线。

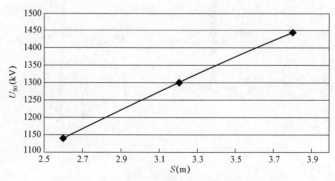

图 2－62　边相横担地电位放电特性曲线

当系统最高工作电压为550kV时，根据最小安全距离操作冲击放电特性及不同海拔下的海拔校正系数，可计算得到可接受的最小间隙距离（满足可以接受的最大危险率水平时的间隙距离）。对各可接受的最小间隙距离适当取整后，得到的最小间隙距离及对应的 U_{50} 和危险率见表 2-25，表中同时给出了考虑人体允许活动范围（0.5m）后的最小安全距离。

表 2-25　　　　　　　　边相地电位最小间隙距离及对应的 U_{50} 和危险率

最大过电压（标幺值）	海拔（m）	海拔修正后 U_{50}（kV）	最小间隙距离（m）	最小安全距离（m）	危险率 ×10⁻⁶
	0	1191	2.8	3.3	6.59
	500	1197	2.9	3.4	5.40
2.18	1000	1198	3.0	3.5	5.23
	1500	1199	3.1	3.6	5.05
	2000	1200	3.2	3.7	4.89
	0	1086	2.4	2.9	8.38
	500	1093	2.5	3.0	6.51
2.00	1000	1095	2.6	3.1	6.06
	1500	1097	2.7	3.2	5.64
	2000	1099	2.8	3.3	5.24
	0	983	2.0	2.5	6.70
	500	982	2.1	2.6	6.97
1.80	1000	986	2.2	2.7	5.94
	1500	990	2.3	2.8	5.06
	2000	994	2.4	2.9	4.30

八、双回直线塔边相组合间隙

1. 导线—工作斗—塔身组合间隙试验

边相组合间隙试验布置示意图如图 2-63 所示。工作斗位于边相导线侧面，模拟人直立于斗内，面向导线。

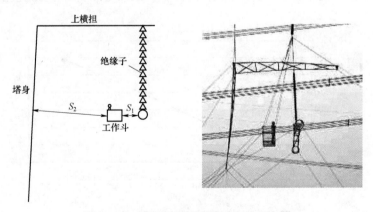

图 2-63　边相组合间隙试验布置示意图

（1）最低放电点试验。取总间隙 $S_C = 4.0$m 不变，分别改变 S_1/S_2 为：0m/4.0m、0.2m/3.8m、0.4m/3.6m、0.7m/3.3m、1.0m/3.0m、1.2m/2.8m、1.5m/2.5m、2m/2m，通过试验求取其操作冲击 50%放电电压。图 2-64 为相应的 U_{50} 随 S_1 的变化曲线。

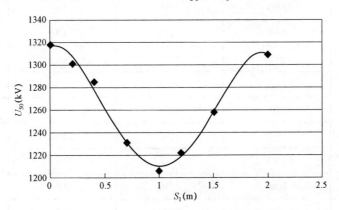

图 2-64 最低放电电点试验放电特性曲线

由结果可知，最低放电位置在工作斗距导线（高电位）1.0m 处。

（2）边相组合间隙操作冲击放电试验。取 $S_1 = 1.0$m，改变 S_2 分别为 2.5、3.0、3.5m，进行操作冲击放电试验，图 2-65 为相应的 U_{50} 随 S_C 的变化曲线。

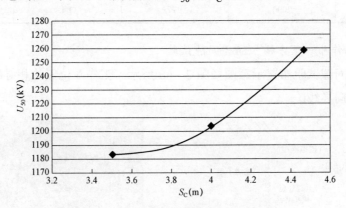

图 2-65 边相组合间隙放电特性曲线

（3）边相最小组合间隙。当系统最高工作电压为 550kV 时，根据最小安全距离操作冲击放电特性及不同海拔下的海拔校正系数，可计算得到可接受的最小组合间隙（满足可以接受的最大危险率水平时的组合间隙）。对各可接受的最小组合间隙适当取整后，得到边相最小组合间隙及对应的 U_{50} 和危险率见表 2-26。

表 2-26　　　　　　　　　　边相最小组合间隙及对应的 U_{50} 和危险率

最大过电压 （标幺值）	海拔 （m）	海拔修正后 U_{50}（kV）	最小间隙距离 （m）	危险率 $\times 10^{-6}$
2.18	0	1185	4.0	8.03
	500	1193	4.2	6.17

最大过电压（标幺值）	海拔（m）	海拔修正后 U_{50}（kV）	最小间隙距离（m）	危险率 $\times 10^{-6}$
2.18	1000	1186	4.3	7.77
	1500	1180	4.4	9.47
	2000	1191	4.6	6.59
2.00	0	1085	3.5	8.68
	500	1086	3.6	8.38
	1000	1098	3.8	5.44
	1500	1092	3.9	6.75
	2000	1086	4.0	8.38
1.80	0	996	3.0	3.97
	500	991	3.1	4.86
	1000	986	3.2	5.94
	1500	981	3.3	7.26
	2000	977	3.4	8.51

2. 导线—工作斗—下方横担组合间隙试验

距下方横担间隙试验布置示意图如图 2-66 所示。工作斗位于边相导线下方，模拟人直立于斗内，面向导线。

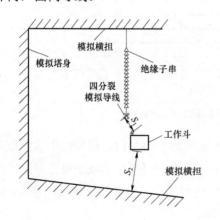

图 2-66　距下方横担组合间隙试验布置示意图

（1）最低放电点试验。取总间隙 $S_C = 4.0\text{m}$ 不变，分别改变 S_1/S_2 为：0m/4.0m、0.2m/3.8m、0.4m/3.6m、0.7m/3.3m、1.0m/3.0m、1.2m/2.8m、1.5m/2.5m、2m/2m，通过试验求取其操作冲击50%放电电压。图 2-67 为相应的 U_{50} 随 S_1 的变化曲线。

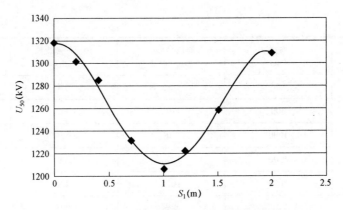

图2-67　组合间隙最低放电点试验特性曲线

由结果可知，最低放电位置在工作斗距导线（高电位）1.0m处。

（2）组合间隙操作冲击放电试验。取 $S_1 = 1.0$m，改变 S_2 分别为2.5、3.0、3.5m，进行操作冲击放电试验，图2-68为距下横担组合间隙放电特性曲线。

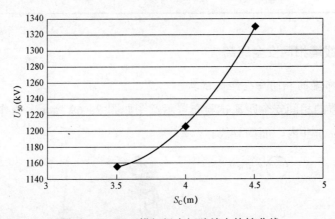

图2-68　距下横担组合间隙放电特性曲线

（3）边相最小组合间隙。当系统最高工作电压为550kV时，根据最小安全距离操作冲击放电特性及不同海拔下的海拔校正系数，可计算得到可接受的最小组合间隙（满足可以接受的最大危险率水平时的组合间隙）。对各可接受的最小组合间隙适当取整后，得到的最小组合间隙及对应的 U_{50} 和危险率见表2-27。

表2-27　　　　　　　　距下横担最小组合间隙及对应的 U_{50} 和危险率

最大过电压（标幺值）	海拔（m）	海拔修正后 U_{50}（kV）	最小间隙距离（m）	危险率 $\times 10^{-6}$
2.18	0	1187	3.9	7.52
	500	1181	4.0	9.16
	1000	1193	4.2	6.17
	1500	1187	4.3	7.52
	2000	1181	4.4	9.16

最大过电压（标幺值）	海拔（m）	海拔修正后 U_{50}（kV）	最小间隙距离（m）	危险率 $\times 10^{-6}$
2.00	0	1085	3.4	8.68
	500	1107	3.6	3.82
	1000	1101	3.7	4.87
	1500	1096	3.8	5.84
	2000	1091	3.9	7.00
1.80	0	996	2.9	3.97
	500	990	3.0	5.06
	1000	986	3.1	5.94
	1500	982	3.2	6.97
	2000	978	3.3	8.18

九、双回直线塔相间安全距离

1. 导线垂直布置的相间安全距离试验

导线垂直布置的相间安全距离试验布置示意图如图 2-69 所示。工作斗位于边相导线内侧，模拟人直立于斗内，面向导线。

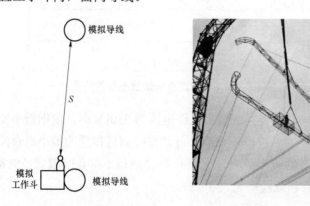

图 2-69 导线垂直布置的相间安全距离试验布置示意图

改变模拟导线至工作斗之间的距离（S），通过试验求取 U_{50}，图 2-70 为导线垂直布置的相间安全距离试验放电特性曲线。

当系统最高工作电压为 550kV 时，根据相间最小安全距离操作冲击放电特性及不同海拔下的海拔校正系数，可计算得到可接受的相间最小间隙距离（满足可以接受的最大危险率水平时的间隙距离）。对各可接受的最小间隙距离适当取整后，得到的相间最小间隙距离及对应的 U_{50} 和危险率见表 2-28。

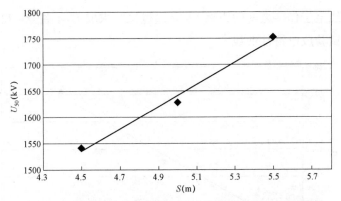

图 2－70　导线垂直布置的相间安全距离试验放电特性曲线

表 2－28　　　　导线垂直布置的相间最小间隙距离及对应的 U_{50} 和危险率

最大过电压（标幺值）	海拔（m）	海拔修正后 U_{50}（kV）	最小间隙距离（m）	危险率 ×10⁻⁶
3.30	0	1798	5.9	7.33
	500	1799	6.0	7.18
	1000	1800	6.1	7.02
	1500	1802	6.2	6.72
	2000	1804	6.3	6.43
3.10	0	1686	5.3	7.87
	500	1685	5.4	8.05
	1000	1686	5.5	7.87
	1500	1686	5.6	7.87
	2000	1688	5.7	7.51
2.80	0	1529	4.5	6.71
	500	1527	4.6	7.07
	1000	1527	4.7	7.07
	1500	1525	4.8	7.44
	2000	1525	4.9	7.44

2. 导线水平布置的相间安全距离试验

导线水平布置的相间安全距离试验布置示意图如图 2－71 所示。工作斗位于边相导线内侧，模拟人直立于斗内，面向导线。

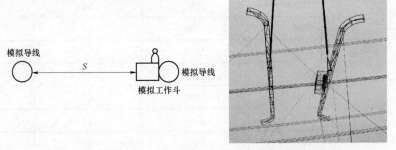

图 2－71　导线水平布置的相间安全距离试验布置示意图

改变模拟导线至工作斗之间的距离（S），通过试验求取 U_{50}，图 2-72 为导线水平布置的相间安全距离试验放电特性曲线。

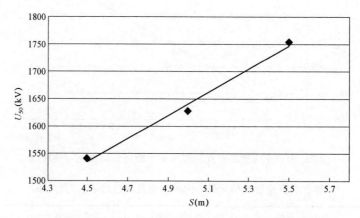

图 2-72 导线水平布置的相间安全距离试验放电特性曲线

当系统最高工作电压为 550kV 时，根据相间最小安全距离操作冲击放电特性及不同海拔下的海拔校正系数，可计算得到可接受的相间最小间隙距离（满足可以接受的最大危险率水平时的间隙距离）。对各可接受的最小间隙距离适当取整后，得到的相间最小间隙距离及对应的 U_{50} 和危险率见表 2-29。

表 2-29　　　导线水平布置的相间最小间隙距离及对应的 U_{50} 和危险率

最大过电压（标幺值）	海拔（m）	海拔修正后 U_{50}（kV）	最小间隙距离（m）	危险率 $\times 10^{-6}$
3.30	0	1790	5.7	8.73
	500	1791	5.8	8.54
	1000	1792	5.9	8.36
	1500	1795	6.0	7.83
	2000	1797	6.1	7.50
3.10	0	1694	5.2	6.53
	500	1694	5.3	6.53
	1000	1695	5.4	6.38
	1500	1696	5.5	6.24
	2000	1698	5.6	5.96
2.80	0	1533	4.4	6.06
	500	1531	4.5	6.38
	1000	1530	4.6	6.55
	1500	1530	4.7	6.55
	2000	1531	4.8	6.38

十、双回直线塔相间组合间隙

1. 导线水平布置的相间组合间隙

导线水平布置的组合间隙试验布置示意图如图 2-73 所示。工作斗位于导线侧面，模拟人直立于斗内，面向导线。

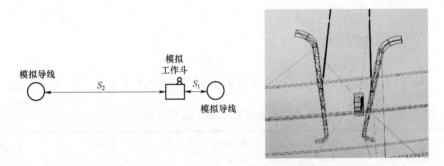

图 2-73　导线水平布置的组合间隙试验布置示意图

（1）最低放电点位置试验。取总间隙 $S_C = 5.0m$ 不变，分别改变 S_1/S_2 为：0m/5.0m、0.3m/4.7m、0.6m/4.4m、1.0m/4.0m、1.3m/3.7m、1.6m/3.4m、2.0m/3.0m、2.3m/2.7m，通过试验求取其操作冲击 50% 放电电压。图 2-74 为相应的 U_{50} 随 S_1 的变化曲线。

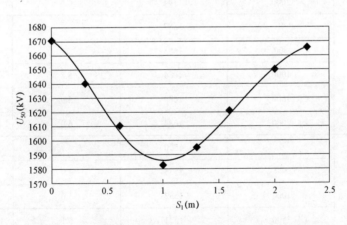

图 2-74　导线水平布置的组合间隙 U_{50} 随 S_1 的变化曲线

由结果可知，最低放电位置在模拟人距导线（高电位）1.0m 处。

（2）组合间隙操作冲击放电试验。取 $S_1 = 1.0m$，改变 S_2 分别为 3.5、4.0、4.5m，进行操作冲击放电试验，图 2-75 为导线水平布置的组合间隙放电特性曲线。

（3）最小组合间隙。当系统最高工作电压为 550kV 时，根据最小安全距离操作冲击放电特性及不同海拔下的海拔校正系数，可计算得到可接受的最小组合间隙（满足可以接受的最大危险率水平时的组合间隙）。对各可接受的最小组合间隙适当取整后，得到的最小组合间隙及对应的 U_{50} 和危险率见表 2-30。

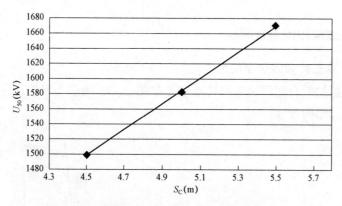

图2-75 导线水平布置的组合间隙放电特性曲线

表2-30 最小组合间隙及对应的 U_{50} 和危险率

最大过电压 （标幺值）	海拔 （m）	海拔修正后 U_{50}（kV）	最小间隙距离 （m）	危险率 $\times 10^{-6}$
3.30	0	1790	6.2	8.73
	1	1792	6.3	8.36
	1000	1792	6.4	8.36
	1500	1793	6.5	8.18
	2000	1794	6.6	8.00
3.10	0	1687	5.6	7.69
	500	1685	5.7	8.05
	1000	1684	5.8	8.24
	1500	1683	5.9	8.43
	2000	1684	6.0	8.24
2.80	0	1520	4.7	8.46
	500	1535	4.9	5.75
	1000	1532	5.0	6.22
	1500	1531	5.1	6.38
	2000	1530	5.2	6.55

2. 导线垂直布置的相间组合间隙试验

导线垂直布置的组合间隙试验布置示意图如图2-76所示。工作斗位于导线侧面，模拟人直立于斗内，面向导线。

（1）最低放电点位置试验。取总间隙 $S_C = 5.0m$ 不变，分别改变 S_1/S_2 为：0m/5.0m、0.3m/4.7m、0.6m/4.4m、1.0m/4.0m、1.3m/3.7m、1.6m/3.4m、2.0m/3.0m、2.3m/2.7m，通过试验求取其操作冲击50%放电电压。图2-77为相应的 U_{50} 随 S_1 的变化曲线。

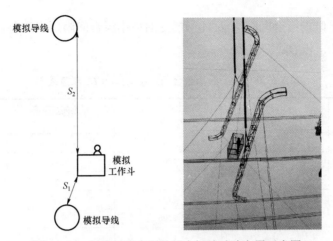

图 2-76 导线垂直布置的组合间隙试验布置示意图

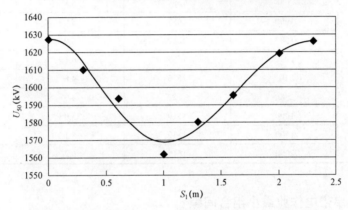

图 2-77 导线垂直布置的组合间隙 U_{50} 随 S_1 的变化曲线

由结果可知，最低放电位置在模拟人距导线（高电位）1.0m 处。

（2）组合间隙操作冲击放电试验。取 $S_1 = 1.0$m，改变 S_2 分别为 3.5、4.0、4.5m，进行操作冲击放电试验，图 2-78 为导线垂直布置的组合间隙放电特性曲线。

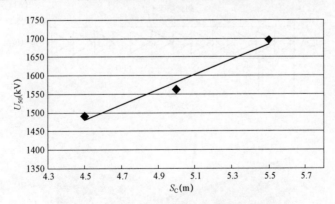

图 2-78 导线垂直布置的组合间隙放电特性曲线

（3）最小组合间隙。当系统最高工作电压为 550kV 时，根据最小安全距离操作冲击放电特性及不同海拔下的海拔校正系数，可计算得到可接受的最小组合间隙（满足可以接受的最大危险率水平时的组合间隙）。对各可接受的最小组合间隙适当取整后，得到的最小组合间隙及对应的 U_{50} 和危险率见表 2-31。

表 2-31　　垂直布置导线的最小组合间隙及对应的 U_{50} 和危险率

最大过电压（标幺值）	海拔（m）	海拔修正后 U_{50}（kV）	最小间隙距离（m）	危险率 $\times 10^{-6}$
3.30	0	1795	6.3	7.83
	500	1794	6.4	8.36
	1000	1794	6.5	8.36
	1500	1795	6.6	7.83
	2000	1796	6.7	7.66
3.10	0	1690	5.7	7.17
	500	1689	5.8	7.34
	1000	1687	5.9	7.69
	1500	1687	6.0	7.69
	2000	1687	6.1	7.69
2.80	0	1525	4.8	7.44
	500	1522	4.9	5.75
	1000	1519	5.0	8.68
	1500	1519	5.1	8.68
	2000	1515	5.2	9.61

十一、耐张串带电作业最小组合间隙

试验布置如图 2-79 所示。工作斗位于耐张绝缘子串侧面，工作斗短边与绝缘子串平行，作业人员直立于斗内，面向导线。绝缘子串采用 30 片结构高度为 146mm 的玻璃绝缘子。工作斗宽 1.2m，短接约 8 片绝缘子。间隙总长度 S_C 为 4.5m。

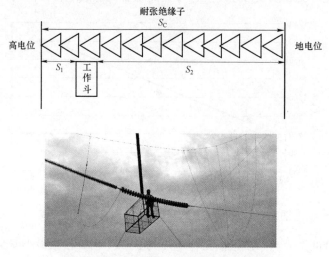

图 2-79　耐张串最小组合间隙试验布置

（1）耐张串组合间隙最低放电位置试验。取总间隙为 30 片绝缘子不变，调整模拟人距均压环距离 S_1 分别为 0、2、3、5、7 片绝缘子。通过试验求取其操作冲击 50% 放电电压。耐张串组合间隙工作斗在不同位置的放电特性曲线如图 2-80 所示。

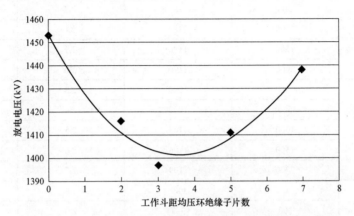

图 2-80　耐张串组合间隙工作斗在不同位置的放电特性曲线

由结果可见，耐张串最低放电位置在工作斗距均压环（高电位）绝缘子片数为 3 片处。

（2）耐张串组合间隙操作冲击放电试验。将工作斗置于距导线均压环 3 片绝缘子处，改变绝缘子串长度分别为 24、26、30 片，进行操作冲击放电试验，图 2-81 为耐张串组合间隙的放电特性曲线。

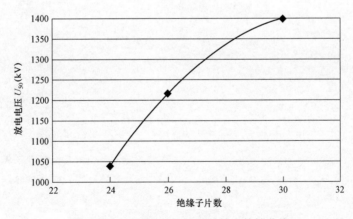

图 2-81　耐张串组合间隙的放电特性曲线

（3）耐张串最小组合间隙。当系统最高工作电压为 550kV 时，根据最小安全距离操作冲击放电特性及不同海拔下的海拔校正系数，可计算得到可接受的最小组合间隙（满足可以接受的最大危险率水平时的组合间隙）。对各可接受的最小组合间隙适当取整后，得到的最小组合间隙及对应的 U_{50} 和危险率见表 2-32。

表 2－32 耐张串最小组合间隙及对应的 U_{50} 和危险率

最大过电压 （标幺值）	海拔 （m）	海拔修正后 U_{50}（kV）	最小间隙距离 （m）	危险率 $\times 10^{-6}$
2.18	0	1180	2.6	9.47
	500	1181	2.7	9.16
	1000	1184	2.8	8.30
	1500	1186	2.9	7.78
	2000	1190	3.0	6.81
2.00	0	1090	2.3	7.26
	500	1099	2.4	5.24
	1000	1103	2.5	4.53
	1500	1106	2.6	4.06
	2000	1109	2.7	3.64
1.80	0	980	1.9	7.55
	500	983	2.0	6.70
	1000	989	2.1	5.26
	1500	994	2.2	4.3
	2000	999	2.3	3.51

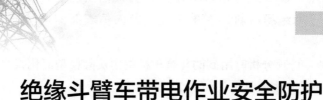

绝缘斗臂车带电作业安全防护

高压输电线会对其下方的人员及车辆产生静电感应，尤其对于吊车等大型的工程车辆，其感应电压较大，导线与车辆间的电容也相对较大。由于静电感应具有电压高而电流小的特点，因此它对人体的危害并未引起足够的重视。但当吊车未接地，而人员触碰吊车时，感应电流通过人体，会让人产生短暂的刺痛与麻痹感。并可能产生二次损伤。同时较高的感应电压也会对人员所携带的各种电子仪器设备造成损坏。因此，对感应电压的研究及防范有着重要的意义。

在进行高压输电线路检修维护作业时应对电场进行防护。检修作业人员在攀登杆塔进入超高压线路作业位置的过程中，人体表面场强及周围电场是不断变化的，高空中邻近输电线位置的场强比地面场强要高得多，由于电场的作用，皮肤表面积聚的电荷将对人体产生刺激，外界电场越高，电荷产生的刺激越大。作用在头发上，会产生可觉察的机械振动，在人体和衣服之间也可以产生一种可觉察的刺感，在低刺激水平时，许多人的感觉类似于微风，在高刺激水平时，感觉常为分散的刺痛和蠕动感，对于在高空铁塔上的作业人员，强电场不仅会对人体产生不舒适感，而且意外刺激还可能引发二次事故造成人员伤亡，这类事故在国内外都曾有发生。

第一节 电 场 防 护

一、工作斗及人体体表电场分布特性

通过有限元仿真计算，进行等电位作业时工作斗及作业人员体表电场分布研究，建立等电位作业工况的仿真计算模型，得到等电位作业时工作斗表面及作业人员体表的电场分布，确定安全防护要求。

1. 仿真计算模型

（1）杆塔模型。计算采用工频电场的三维有限元计算方法，计算模型同时考虑铁塔、线路的不同运行方式等对电场分布的影响；忽略绝缘子串对电场分布的影响，铁塔表面视作导体平面，大地视为无限大导体平面。

测量点根据杆塔结构、输电线位置以及空间电场分布的基本规律来进行选取。考虑到线路杆塔两侧电场分布的对称性，测量时只对塔身一侧的电场分布进行测量。首先在地面选取若干典型的地电位测试点，再当作业人员攀登到离开地面一定高度时选

取塔身地电位测试点，最后还考虑带电作业人员其他途经位置和带电作业位置选取电场测量点。绝缘子为绝缘材料，对输电线路及人体表面的电场分布影响很小，可以忽略。

（2）斗臂车模型。仿真分析时用到的斗臂车模型由实际模型简化得来，并将实际的斗臂车进行了优化（臂可弯曲调整工作位置），如图3-1所示，斗臂车模型各部分的参数如表3-1所示。

表3-1　　　　　　　　　斗臂车模型尺寸

参数名称	参数（m）
车体长	12.2
车体宽	2.5
车体高	4.2
完全伸长时最大工作高度	37.5
载人平台	1.016×1.524×1.067

图3-1　斗臂车模型示意图

（3）人体模型。计算时用到的人体模型如图3-2所示，人体模型各部分的参数见表3-2。人体的总高度为170cm。取人体的电导率为0.1S/m，相对介电常数为10^5。

表3-2　　　　　　　　　人体模型尺寸

人体部位	仿真所用几何体	几何体尺寸（cm）
腿部	圆柱体	高度80，半径10
躯干	圆柱体	高度65，半径16
颈部	圆柱体	高度7，半径8
头部	球体	半径10

按照上述参数所建立的人体模型及人所处的带电作业的位置示意图如图3-2所示。

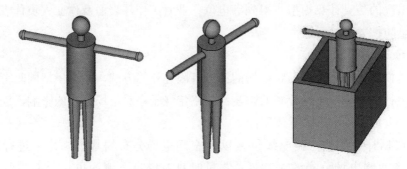

图3-2　人体模型及人所处的带电作业位置示意图

由于人体结构相对于杆塔来说很小，要想一次性求解并得到较理想的结果，必然对计算机的硬件要求特别高，故采用子域法建立子模型对关键区域进行精细控制以得到较好的计算结果，以减轻计算对计算机硬件设备的依赖。

2. 模型简化

对比整个斗臂车投入作业和只有工作斗投入作业时的情况，电场强度的测量点如图3-3所示。斗臂车投入作业时，斗臂车的工作臂上点5和点6及其所在部分为绝缘材料，介电常数与空气有较大的区别。只有工作斗投入作业时，将整个工作臂都赋予与空气相同的介电常数。

通过对整个斗臂车投入作业和只有工作斗投入作业的两种工况下进行仿真分析，并对比对应节点的电场强度，具体数据见表3-3。

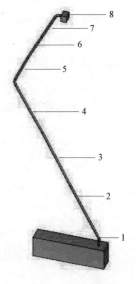

图3-3 斗臂车上的电场强度测量点

表3-3　　　　　　　不同工况下计算结果及相对误差

节点	只有工作斗时电场强度（kV/m）	有斗臂车时电场强度（kV/m）	相对误差（%）
1	237.91	237.97	0.01
2	313.82	313.83	0.07
3	376.27	376.47	0.07
4	393.95	394.348	0.16
5	509.07	432.06	12.1
6	675.12	596.36	9
7	696	709.92	0.02
8	816	816	0

由计算结果可知，由于节点5和6及其所在部分为绝缘材料，不同工况下对应位置的介电常数不同导致相对误差较大，但对于工作斗上的电场分布基本没有影响，两种工况下工作斗上的电场强度最大值相同。因此，在后续计算中可以对模型进行适当的简化。

二、500kV 绝缘斗臂车带电作业电场分布

1. 仿真分析

（1）线路杆塔模型的建立及作业人员位置的选取。根据实际绝缘斗臂车典型作业位置，并考虑带电作业人员身体占位、活动范围、绝缘斗臂车的活动范围以及配电网斗臂车的使用经验等因素，结合500kV杆塔典型设计，进行不同作业位置进入等电位的安全性分析评估。仿真计算不同作业位置时带电作业人员体表电场分布，从而确定工作斗进入等电位的安全路径。当作业人员攀登到离开地面一定高度时选取塔身地电位测试点，以及考虑到绝缘子串和导线连接处是带电作业人员在塔上的经常工作位置，故选择绝缘子串和导线

连接处为测量点，还考虑带电作业人员其他途经位置和带电作业位置选取电场测量点。在计算中，按照带电作业工作人员登塔作业的实际情况，选取电场强度的计算点。

仿真计算中的500kV杆塔如图3-4所示。

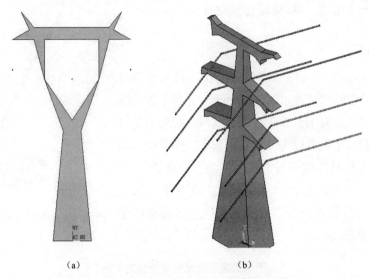

（a）　　　　　　　　　　（b）

图3-4　500kV杆塔典型图
（a）单回直线杆塔；（b）双回直线杆塔

由于人体结构相对于杆塔来说很小，要想一次性求解并得到较理想的结果则必然对计算机的硬件要求特别高，故采用子域法建立子模型对关键区域进行精细控制以得到较好的计算结果，以减轻计算对计算机硬件设备的依赖。人体剖分时所用网格多达30万，必然消耗大量内存，减慢计算速度，故将人体作为导体不予剖分，仅剖分人体外表面，节点达3万，大大节省单元。

（2）作业位置上人体表面电场分布。仿真计算得到各工况作业位置上人体表面电场分布如图3-5所示。

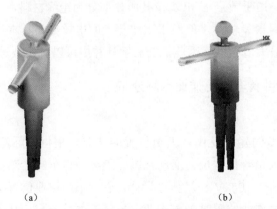

（a）　　　　　　　　　　（b）

图3-5　人体表面电场分布（一）
（a）人体在塔头边相作业位置；（b）人体在塔头中相作业位置

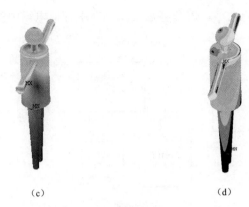

（c）   （d）

图 3-5   人体表面电场分布（二）

（c）人体在档中等电位作业位置；（d）人体在中层导线等电位作业位置

（3）500kV 杆塔不同作业位置人体表面电场强度分析。将上述计算结果中人体不同部位的电场强度汇制成表，不同工况下不同部位的电场强度见表 3-4。

表 3-4　　　　　　　　　500kV 杆塔作业人员不同工况下不同部位电场强度

人体部位 ＼ 人体位置	电场强度（kV/m）			
	中相	边相	档中等电位	中层导线
头部	1021	959	923	1033
胸部	451	403	365	501
面部	835	795	751	839
手部	1135	1011	987	1150
脚部	2.7	1.5	1.1	3.6

通过观察人体表面电场分布情况，并对比作业人员体表不同部位的电场强度，分析可得以下几条结论：

1）绝缘斗臂车上作业人员接近或处于 500kV 导线带电作业位置时，体表最大电场强度出现在手部，其次是头部和面部。

2）人脚踩在斗臂车的斗上面，由于斗的屏蔽作用人体脚部电场强度最小，其中，人体手部有最大的电场强度，且在手背电场强度最大。

2. 现场实测

（1）电场测量装置。本次电场测量装置主要由 MEMS（微机电系统）传感器探头、激励信号模块、信号采集无线发射模块、电源模块以及上位机构成。电场测量系统示意图/装置如图 3-6 所示。其中，MEMS 传感器探头主要包括 MEMS 电场敏感芯片和 I/V 转换电路。地面电脑终端接收到无线发射模块发射出的传感器探头数据和参考信号数据后，采用解调算法计算出被测电场大小。该套测量仪器已在平行板电场中校正。

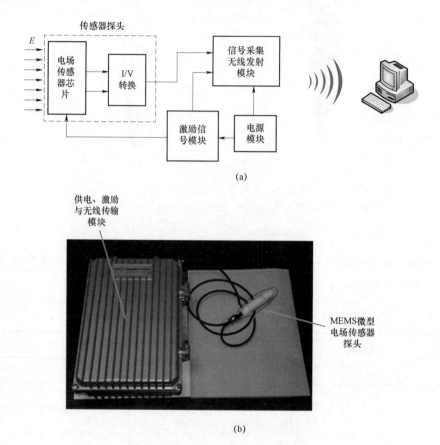

(a)

(b)

图 3-6 电场测量系统示意图/装置

（a）电场测量系统示意图；（b）电场测量装置

（2）试验方法。本次试验在国网江苏省境内的 500kV 廻津 5263 线 125 号和 126 号塔档中进行，两名电工乘坐绝缘斗臂车进入边相导线等电位，1 号电工直立于工作斗内，另外一名电工手持电场传感器测量 1 号电工表面电场强度，如图 3-7 所示。

图 3-7 等电位电场测量

（3）试验结果。在工作斗等电位的状态下，测量了作业人员体表以及工作斗表面的电场强度，见表3-5。

表3-5 等电位作业时人员及工作斗表面电场强度

电压等级	位置	体表部位	实测场强值（kV/m）
500kV	等电位人员	头顶	862.3
		胸部	337.6
		手部	951.4
		脚部	10.8
	工作斗	转角	1023.1
		正面中部	615.0

由电场测量结果可知，金属工作斗对等电位作业人员肩部以下部位的电场屏蔽效果较强，电场分布情况与仿真计算结果相接近，其中头部和手部的电场强度均超过了人体电场感知水平 240kV/m。由于人体体表的电场属于畸变电场，采用测量探头进行测量时难以保证测量精确度，而仿真计算所使用模型的计算单元较小，可以保持较高的精确度，且实际测量环境与仿真模型也存在较大差异，因此两者所得到的电场强度存在差异。

三、220kV 绝缘斗臂车带电作业电场分布

220kV 杆塔模型如图 3-8 所示。

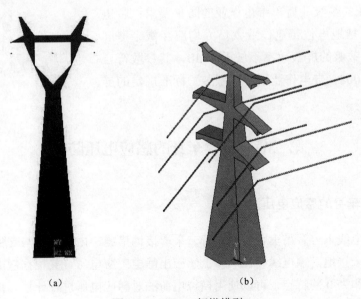

（a） （b）

图3-8 220kV 杆塔模型

（a）单回直线塔；（b）双回直线塔

计算分别选取人体位于塔头边相、塔头中相以及档中等电位时的工况，加载时，加载条件以及零电位的选取都与 500kV 杆塔相同，只是电压等级有所不同。得到仿真计算人体表面电场分布如图 3-9 所示，不同部位的电场强度见表 3-6。

表 3-6　　　　　　　　　　　　　　人体不同部位电场强度

人体部位	电场强度（kV/m）			
	中相	边相	档中等电位	中层导线
头部	541	495	457	631
胸部	174	154	141	187
面部	249	239	186	255
手部	658	501	419	701
脚部	1.2	0.9	0.6	1.5

由图 3-9 及表 3-6 可知，220kV 绝缘斗臂车作业时人体表面电场分布与 500kV 绝缘斗臂车作业时人体表面电场分布规律基本相同，最大电场强度均出现在手背部；由于斗的屏蔽作用，最小电场强度位置位于腿部和脚部。只是由于电压等级不同，对应部位的电场强度有所不同。

图 3-9　220kV 绝缘斗臂车作业时人体表面电场分布

四、带电作业人员电场防护措施

上述 500kV 和 220kV 绝缘斗臂车带电作业电场分布特点和规律表明，以下电场防护用具和措施可以满足 500kV 和 220kV 绝缘斗臂车带电作业的防护要求：带电作业人员（包括地电位带电作业人员）均应穿戴 I 型屏蔽服，I 型屏蔽服的屏蔽效率不低于 40dB，其参数符合 GB/T 6568—2008《带电作业用屏蔽服装》标准规定的屏蔽服布料制作。

第二节　金属车身的感应电压防护

一、金属车身的感应电压

当高压输电线下方有吊车存在时，若未采取接地措施，由于车轮与支腿的枕木绝缘，吊车的车体并未接地，输电线会在车体上感应出静电感应电压。又根据静电感应中的导体上感应电荷总和为 0 的特点，可以使用模拟电荷法对感应电压进行计算。将吊车的车体视为等势体，同样采用线段电荷进行建模，设车体模拟电荷线密度的矩阵为 τ_V，待求的电压

为 U_V，则可由下式求解各模拟电荷值和车体的感应电压

$$\begin{bmatrix} P_{LL} & P_{VL} & 0 \\ P_{LV} & P_{VV} & -1 \\ 0 & l_V & 0 \end{bmatrix} \begin{bmatrix} \tau_L \\ \tau_V \\ U_V \end{bmatrix} = \begin{bmatrix} U_L \\ 0 \\ 0 \end{bmatrix} \qquad (3-1)$$

式中　　P_{VL}——车体上的模拟电荷对导线上的匹配点的电位系数，其他 $\boldsymbol{P}$ 矩阵含义相似；

l_V——为车体上各线段电荷的长度。

由式（3-1）可以看出，只要车体上包含一个以上的模拟电荷，就可以通过令 $l_V\tau_V=0$ 来实现静电感应中的导体上感应电荷为 0 的条件。

通过式（3-1）计算得各模拟电荷值，再计算出空间中任意一点的电位值 U 和电场值 E_x、E_y、E_z。又通过将交流电的一个周期分为 n 个时间间隔 ΔT，设定每个 ΔT 内的各导线电压 U_L 值，即可得到一个周期内的车体感应电压波形。

首先绝缘臂未升起，杆塔为 500kV 单回直线塔。电位计算选择的截面是 $y=0$ 平面。之后分别计算了当绝缘臂逐渐升起直至等电位处，不同绝缘臂长度的斗臂车车体的感应电压，以及斗臂车位于导线下方不同位置时的车身感应电压。

1. 不同高度斗臂车下的车体感应电压计算结果

当斗臂车位于边相导线正下方带电作业时，观察不同斗臂高度对车身感应电压的影响。当斗臂车位于等电位作业位置时（此时臂高度为 25m），车体感应电压分布及计算结果如图 3-10 所示。

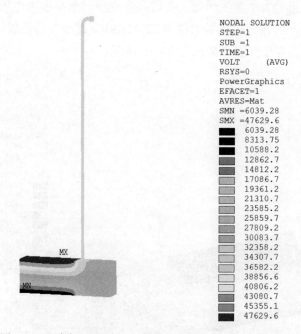

图 3-10　臂高 25m 时，车身感应电压分布及计算结果

由图 3-10 可知，当斗臂车位于边相等电位作业位置时，整个斗臂车感应电压最大位置出现在车体上方，感应电压最大值约为 47 629.6V。调整臂的高度，当斗臂车依然位于边

相导线下方，但臂高下降为15m时，斗臂车感应电压分布及数值大小如图3-11所示。

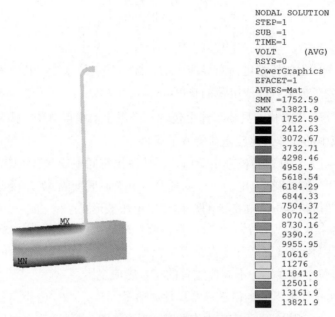

NODAL SOLUTION
STEP=1
SUB =1
TIME=1
VOLT   (AVG)
RSYS=0
PowerGraphics
EFACET=1
AVRES=Mat
SMN =1752.59
SMX =13821.9

1752.59
2412.63
3072.67
3732.71
4298.46
4958.5
5618.54
6184.29
6844.33
7504.37
8070.12
8730.16
9390.2
9955.95
10616
11276
11841.8
12501.8
13161.9
13821.9

图3-11　臂高15m时，车身感应电压分布及计算结果

由图3-11可知，当改变臂的高度，但斗臂车的位置不变，此时车身感应电压分布基本不变，但感应电压的大小发生变化。斗臂高度变小，车身感应电压最大值也相应减小，当臂高为15m时，车身感应电压最大值为13 821.9V。减小斗臂高度，当臂高为5m时，斗臂车感应电压分布及电压计算结果如图3-12所示。

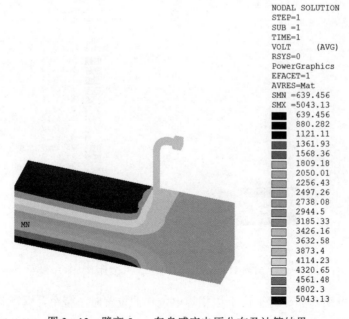

NODAL SOLUTION
STEP=1
SUB =1
TIME=1
VOLT   (AVG)
RSYS=0
PowerGraphics
EFACET=1
AVRES=Mat
SMN =639.456
SMX =5043.13

639.456
880.282
1121.11
1361.93
1568.36
1809.18
2050.01
2256.43
2497.26
2738.08
2944.5
3185.33
3426.16
3632.58
3873.4
4114.23
4320.65
4561.48
4802.3
5043.13

图3-12　臂高5m，车身感应电压分布及计算结果

继续减小斗臂高,直至臂不伸出时,得到车身感应电压分布及计算结果如图 3-13 所示。

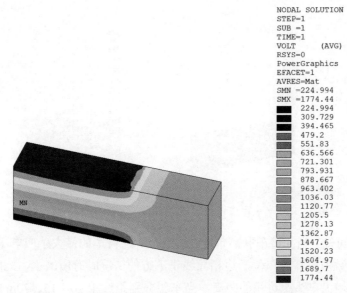

图 3-13 不伸出斗臂时,车身感应电压分布及计算结果

将计算结果汇总到表 3-7,可知车体感应电压有效值随斗臂高度的变化情况。改变斗臂高度对车体感应电压分布影响不大,但对感应电压的数值大小有一定影响。

表 3-7　　　　　　　　　　车体感应电压计算结果

斗臂高度(m)	感应电压(V)	斗臂高度(m)	感应电压(V)
0	1806.9	15	13 874.9
5	5037.0	25	47 629.6

从表 3-7 中可以看出,通过对车体感应电压的计算可知,感应电压随斗臂顶端与导线的距离的缩小而明显增大,当距离小于 500kV 输电线的安全距离时,其感应电压超过 40kV。

2. 不同作业位置处的车体感应电压计算结果

当斗臂高度不变时,改变车身距杆塔塔基的距离,观察车身感应电压的变化情况。其中,设定斗臂高度为 25m。

由于实际现场情况,斗臂车难以开到中相导线正下方,因此在仿真计算时只考虑斗臂车在边相导线下方的情况。当斗臂车在边相导线正下方(车头距中相导线 10.58m)时,位于等电位作业处,此时车身感应电压分布情况及大小如图 3-10 所示。将斗臂车驶离杆塔,当车头距边相导线正下方 5m 时,斗臂车感应电压分布及数值大小如图 3-14 所示。

图 3-14 车头距边相 5m，斗臂车感应电压分布及计算结果

由图 3-14 可知，当斗臂车驶离带电作业位置，斗臂车的最大感应电压位于工作斗处，但车身感应电压数值较斗臂车位于边相导线正下方的情况时有所减小，此时感应电压大约为 23 817.9kV。增大车头距边相的距离，当车头分别距边相 10、15、20m 时，得到感应电压计算结果如图 3-15 所示。感应电压分布情况与车头距边相 5m 时大体相同。并将车身感应电压计算结果整理至表 3-8 中。

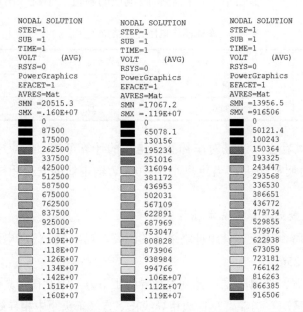

图 3-15 车头分别距边相 10、15、20m 时的感应电压计算结果

车头距边相导线正下方的位置 （m）	感应电压有效值 （V）	车头距边相导线正下方的位置 （m）	感应电压有效值 （V）
0（边相正下方）	47 629.6	15	17 067.2
5	23 817.9	20	13 956.5
10	20 515.3		

通过对车体感应电压的计算可知，感应电压随斗臂顶端与导线的距离的缩小而明显增大，当距离小于 500kV 输电线的安全距离时，其感应电压超过 40kV。靠近边相下方时，其感应电压值最大，接近 50kV。随着车身距导线距离的增加，车身感应电压逐渐减小，但感应电压分布情况大体相同。当斗臂车不在等电位作业位置时，由于工作斗和臂的尖端效应，工作斗处具有较大的感应电压。

二、人体触电的定性分析

在人体接触受到静电感应的吊车车体后，会形成放电回路。人体存在电阻，该电阻与人体内构造、水分与接触电阻有关，同时还有鞋底绝缘而形成的对地电阻。又因为人体能储存电荷，所以人体还存在电容。人体的电感很小，在静电触电计算中可以忽略。此处将人体视为电阻与电容的串联，人体所在处的接地电阻值则与土壤的结构和鞋底的绝缘程度有关。分别取不同的接地电阻值，可计算出通过人体的电流。由于静电感应放电过程相对于工频周期而言非常短暂，而放电后，通过人体接地后车体上的稳态电压远小于触电前的静电感应电压，因此可以只考虑触电时的放电过程。

各导线之间、导线与车体之间、车体与地之间是通过电容耦合的，只有人体的接地回路是通过人体的电阻和电容耦合。在电压 500V 以上时，人体的电阻为 1000～2000Ω，电容约为 200pF，而当人穿着绝缘防护鞋时，其对地电阻可达到 105～109Ω。因此，可以使用运算电路法列出电路方程求解。

人体触电电流的最大值随人体接地电阻增大而显著减小。在缺乏绝缘防护的条件下，通过人体的触电电流会很大，虽然持续时间可能仅仅不足 1μs，但会使人体产生短暂的刺痛与麻痹感，在实际作业中的复杂条件下也可能会造成二次损伤。若人体通过电子设备接触车体，则很高的静电感应电压与触电电流会对电子设备造成损坏。因此在使用绝缘斗臂车在输电线路进行带电作业时做好金属车身的接地对人身安全至关重要。

第三节　进出等电位时的电位转移电流

在传统输电线路带电作业方法中，作业人员进入等电位即电位转移过程中，人体与导线间的电位差超过它们之间空气间隙的绝缘强度后会产生电弧放电，放电电流呈现出明显的高幅值、高频率脉冲电流串波形特征，并且正、负极性脉冲电流相互交替，这一脉冲电流随着电压等级的提高而增大,而电弧则随着脉冲电流的增大而增强,因此,电位转移脉冲电流是作业人员安全防护重点对象之一。

在绝缘斗臂车带电作业过程中,进入等电位及接触带电导线的主体变为斗臂车整体(斗臂车本体+工作斗+等电位作业人员),在进行等电位转移时,乘坐在工作斗内的等电位作业人员同样须使用电位转移棒,其后端直接连接工作斗,接触导线瞬间产生的高幅值、高频率脉冲电流将通过电位转移棒流至工作斗。另外,等电位转移过程中,工作斗作为悬浮电位不同于传统作业方法中的等电位作业人员,其对地、对导线之间的电容及与带电导线之间的电势差明显大于人体作业时的电势差,因此电位转移过程中产生电弧的临界距离也有所不同,通过试验获取临界电弧距离可为制定绝缘斗臂车进行电位转移的安全防护措施提供技术参考。

一、电位转移电流的计算

通过仿真计算对工作斗及作业人员进入等电位转移过程进行研究。建立工作斗进入等电位电场分析计算模型,仿真得到工作斗接近导线的转移电流特性。

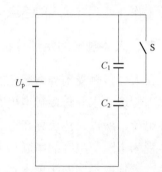

当人体接近导线,等效电路可由图3-16所示,其中,C_1为人体与导线间的部分电容,C_2为人体与铁塔、大地及其他导线间的等效部分电容。

人体由转移棒或直接进入等位点瞬间,相当于电键 图3-16 人体接近导线时的等效电路
S 闭合,电容 C_1 所储存的能量由人体释放。由于电容 C_1、C_2 均较小,放电时间很短,可近似认为电位转移过程中,各相导线的电位恒定。

S 闭合前,C_1 两端的电压为

$$U_1 = \frac{C_2}{C_1 + C_2} U_p \qquad (3-2)$$

式中　U_p——被接触导线的相电压。

S 闭合时,由电容 C_1 释放的能量为

$$W = \frac{1}{2} C_1 U_1^2 \qquad (3-3)$$

人体与被接触导线,人体与大地、铁塔及其他导线间的等效电容可由有限元方法计算电位分布,再由电容定义计算出。

(1)按正相序线各导线加载电压,设人体不带电荷,计算人体与被接触导线间的电压 dU_1 及人体与地间的电压 U_1,则有

$$dU_1 C_1 + U_1 C_2 = 0 \qquad (3-4)$$

(2)线路电压不变,对人体加较小电荷量 dq,计算人体与被接触导线间的电压 dU_2 及人体与地间的电压 U_2,则有

$$dU_2 C_1 + U_2 C_2 = dq \qquad (3-5)$$

（3）解由式（3-4）、式（3-5）组成的方程组，求出等效电容 C_1 和 C_2。

求得等效电容后，已知线路的最高工作电压，则可算出人体进入等电位点时，流过人体的最大瞬态电流。根据能量守恒，电位转移时，电位转移棒、接触电阻的大小不同，通过转移棒的瞬态电流不同，已知电位转移棒、接触电阻的大小，则可得出转移电流随时间变化的波形。

（1）人体与导线 1m 通过电位转移棒接触导线时，流过人体的能量。由有限元计算方法，计算得人体与导线间的电容为：$C_1 = 29.6\text{pF}$；人体与铁塔、大地及其他导线间的等效电容为：$C_2 = 19.3\text{pF}$。设线路的最高工作电压为 500kV，则人体进入等位点时，流过人体的最大瞬态能量为：$W = 1.48\text{J}$。

电位转移时，电位转移棒、接触电阻的大小不同，通过转移棒的瞬态电流不同，设转移棒和接触电阻之和为 100Ω 或 200Ω，电位转移时瞬态电流波形如图 3-17 所示。

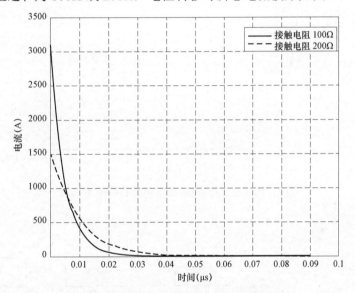

图 3-17 距导线 1m 处电位转移时瞬态电流

对于实际线路，人体进入等电位点时，导线的电位是不变的，但在做模拟实验时，由于信号发生器存在内阻，对实验结果会产生一定的影响。

（2）人体与导线 0.5m 通过电位转移棒接触导线时，流过人体的能量。由有限元计算方法，求得人体与导线间的电容为：$C_1 = 38.1\text{pF}$；人体与铁塔、大地及其他导线间的等效电容为：$C_2 = 16\text{pF}$。设线路的最高工作电压为 550kV，则人体进入等位点时，流过人体的最大瞬态能量为：$W = 1.07\text{J}$。

设转移棒和接触电阻之和分别为为 100Ω 和 200Ω，电位转移时瞬态电流波形如图 3-18 所示。

二、电位转移电流的测量

1. 试验方法

测试装置原理如图 3-19 所示，电流传感器采用同轴管式分流器，阻值为 4.69mΩ，电流传感器前端连接电位转移棒，分流器输出到光纤数据采集系统采集电流波形，经光纤和下位机将信号输送至电脑上，光纤数据采集系统测量频带为 15MHz，最高 50MS/s（百万次每秒）同步采集，测量系统精度为±0.2%。全套测量设备如图 3-20 所示。现场测试前对光纤进行电气性能试验，试验过程中未发现有闪络、击穿及发热。

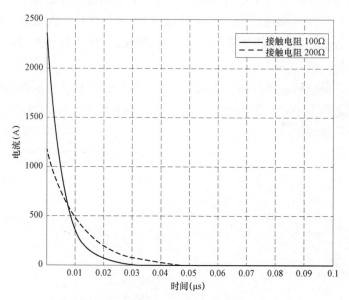

图 3-18　距导线 0.5m 处电位转移时瞬态电流

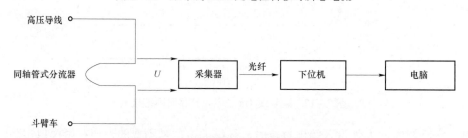

图 3-19　电位转移电流的测试装置原理图

图 3-20　全套测量设备

图 3-21　试验现场

试验前，两名电工穿戴好电场屏蔽服乘坐绝缘斗臂车上升至距离导线 1.5m 处，1 号电工手持长度约为 1m 的电位转移棒接触带电导线。2 号电工控制上位机，保存好测量数据，如图 3-21 所示。

2. 进入等电位过程中临界放电距离试验

在工作斗静止停靠在边相导线外侧，水平距离为 1.5m 处。带电导线相电压为 289kV，1 号电工控制电位转移棒缓慢靠近导线，当电位转移棒与带电导线间开始拉弧时，2 号电工用绝缘杆从旁边测量此时电位转移棒最前端与导线之间的最短距离。临界拉弧距离试验如图 3-22 所示。

通过反复 5 次测量，当电位转移棒距离导线约 480mm 时，两者之间开始放电，因此确定了绝缘斗臂车在 500kV 线路进行带电作业时，临界放电距离平均为 480mm。

3. 电位转移脉冲电流测量及分析

本试验在绝缘斗臂车距离带电导线 1.5m 处进行，1 号电工手持电位转移棒以匀速靠近带电导线直至接触导线，2 号电工使用上位机记录下电位转移电流。为了获得较为准确的试验结果，重复进行 6 次试验，如图 3-23 所示。

图 3-22　临界拉弧距离试验

图 3-23　电位转移电流测量

试验中记录每次转移电流波形，记录时长均为 400ms，每次转移电流波形中的正负极脉冲次数及最大幅度脉冲的脉宽及转移电荷量见表 3-9。

表 3-9   等电位转移电流数据分析结果

试验序号	400ms 正极性脉冲		400ms 负极性脉冲		最大幅度脉冲	
	脉冲数值	峰值电流（A）	脉冲数值	峰值电流（A）	脉宽（μs）	转移电荷（mC）
1	26	759.98	20	−1347.01	20.0	−5.75
2	31	1011.49	24	−1486.36	12.0	−5.86
3	36	770.30	26	−1265.12	12.5	−3.98
4	34	792.67	28	−1153.64	12.0	−2.98
5	37	1006.01	25	−1318.82	15.0	−4.85
6	41	693.89	37	−1105.48	12.5	−3.46
平均	34.17	839.06	26.67	−1279.41	14.0	4.48

由测量结果表 3-9 可以发现，记录的 6 次等电位转移电流波形分布规律较为接近，正极性脉冲次数均多于负极性脉冲次数，但正极性脉冲峰值电流均小于负极性脉冲电流峰值。其中以第 2 次转移电流波形的正负极性脉冲电流峰值最大，分别为 1011.49A 和 −1486.36A，第 6 次转移电流波形正负极性脉冲次数最多，分别为 41 次和 37 次。选取 6 次转移电流波形中最大幅度脉冲，分别记录脉宽及转移电荷，其中第 1 次转移电流波形最大幅度脉冲宽度最大为 20μs，第 2 次转移电流波形最大幅度脉冲转移电荷量最多为 5.86mC。

选取典型的第 2 次转移电流波形为分析对象，表 3-10 列出了第 2 次转移电流波形的 55 次脉冲峰值电流、脉宽及转移电荷量，第 2 次等电位转移电流波形各次脉冲对应编号如图 3-24 所示。

表 3-10   第 2 次电位转移电流数据分析结果

脉冲序号	峰值电流（A）	脉宽（μs）	转移电荷（mC）	脉冲序号	峰值电流（A）	脉宽（μs）	转移电荷（mC）
1	107.66	35.0	1.16	16	478.89	45.0	1.15
2	−934.83	42.5	−2.76	17	449.65	45.0	1.32
3	436.23	65.0	1.50	18	−1403.10	40.0	−4.55
4	−985.40	45.0	−3.17	19	217.07	45.0	0.87
5	125.55	40.0	0.96	20	−811.31	32.5	−2.50
6	−412.57	76.5	−1.79	21	133.12	52.5	0.52
7	218.10	50.0	1.02	22	407.33	37.5	1.36
8	−311.06	55.5	−0.81	23	−940.33	32.5	−4.55
9	−131.81	52.0	0.83	24	643.69	42.5	1.80
10	205.37	52.5	1.14	25	−1039.41	40.0	−3.16
11	−1061.80	45.0	−3.14	26	89.42	39.5	0.63
12	291.36	50.0	1.04	27	680.16	35.0	1.93
13	−624.15	52.0	−2.23	28	−1486.38	42.5	−5.86
14	765.49	52.5	2.14	29	284.16	45.0	1.23
15	−577.01	47.5	−2.74	30	−535.04	40.0	−1.90

脉冲序号	峰值电流（A）	脉宽（μs）	转移电荷（mC）	脉冲序号	峰值电流（A）	脉宽（μs）	转移电荷（mC）
31	1011.49	40.0	3.52	44	758.95	42.0	2.39
32	−698.45	55.0	−2.91	45	537.72	35.0	1.44
33	408.36	41.0	1.47	46	−851.57	36.0	−3.00
34	704.25	37.5	2.27	47	−401.54	37.5	−1.31
35	−696.05	38.0	−2.47	48	205.37	37.0	0.63
36	368.11	42.5	1.24	49	242.87	42.5	0.67
37	559.06	35.0	1.51	50	541.16	37.5	1.55
38	−729.08	42.5	−2.49	51	−405.59	42.5	−1.45
39	576.64	32.5	1.84	52	−622.05	45.0	−2.44
40	602.75	40.0	1.86	53	−153.14	40.0	0.28
41	−595.25	45.0	−2.71	54	796.80	35.0	2.12
42	−506.82	38.5	−1.57	55	688.76	32.5	2.44
43	302.05	37.5	0.62				

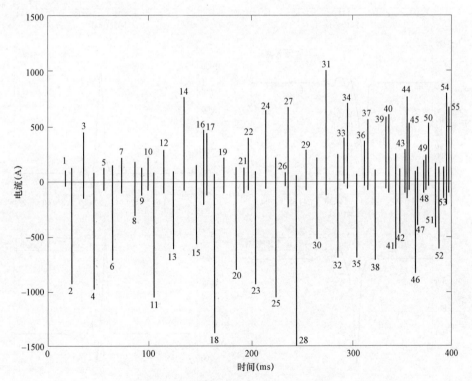

图 3−24　第 2 次等电位转移电流波形

依次选取第 2 次转移电流波形中的典型脉冲第 3、4、14、18、28、31、46、54 次脉冲，单次脉冲的典型波形展开如图 3−25 所示。

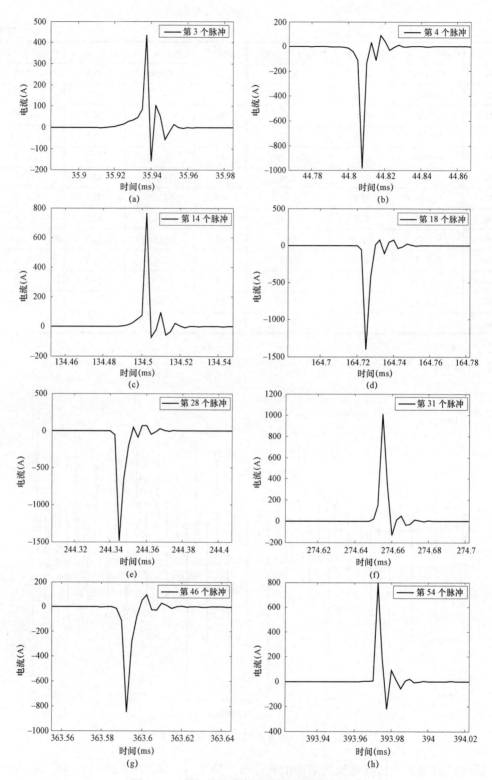

图 3-25 第 2 次电位转移电流典型脉冲波形

(a) 第 3 个脉冲波形；(b) 第 4 个脉冲波形；(c) 第 14 个脉冲波形；(d) 第 18 个脉冲波形；
(e) 第 28 个脉冲波形；(f) 第 31 个脉冲波形；(g) 第 46 个脉冲波形；(h) 第 54 个脉冲波形

由表 3-10 和图 3-25 可知，其中第 31 次脉冲为最大幅值正极性脉冲，峰值电流为 1011.49A，脉宽为 40.0μs，转移电荷量为 3.52mC，第 28 次脉冲为最大幅值负极性脉冲，峰值电流为 -1486.36A，脉宽为 42.5μs，转移电荷量为 -5.86mC。

为了衡量等电位转移过程中的能量转移情况，依次对 6 次等电位转移电流波形的比能量进行了分析，用于表征单位电阻上的能量。表 3-11 为 6 次试验波形的总比能量及单次最大幅值脉冲的比能量，6 次试验电流波形的总比能量较为接近，其中第 5 次转移电流波形的总比能量最大，数值为 78.35A^{2}s，第 4 次转移电流波形的比能量最小，为 41.67A^{2}s，第 2 次记录的转移电流单次脉冲比能量最大，为 6.74A^{2}s。

表 3-11   等电位转移过程中的比能量

试验序号	400ms 总比能量（A^{2}s）	最大幅值脉冲比能量（A^{2}s）
1	65.34	6.05
2	70.73	6.74
3	71.94	4.30
4	41.67	3.41
5	78.35	5.22
6	56.75	3.55
平均	64.13	4.88

表 3-12 列出了第 2 次转移电流波形单次脉冲比能量分布情况，单次脉冲比能量分布差异较大，这主要取决于单次脉冲电流峰值差异性较大，计算得第 2 次转移电流波形的单次脉冲比能量平均值为 1.29A^{2}s。

表 3-12   第 2 次转移电流波形单次脉冲比能量

脉冲序号	比能量（A^{2}s）	脉冲序号	比能量（A^{2}s）
1	0.11	15	1.51
2	2.34	16	0.75
3	0.61	17	0.63
4	2.57	18	5.43
5	0.12	19	0.20
6	1.44	20	1.84
7	0.19	21	0.11
8	0.42	22	0.48
9	0.14	23	3.81
10	0.21	24	1.09
11	2.94	25	3.08
12	0.30	26	0.06
13	1.09	27	1.56
14	1.53	28	6.74

脉冲序号	比能量（A²s）	脉冲序号	比能量（A²s）
29	0.32	43	0.27
30	1.11	44	1.80
31	2.98	45	0.78
32	2.10	46	2.08
33	0.46	47	0.56
34	1.32	48	0.16
35	1.42	49	1.94
36	0.37	50	0.78
37	0.84	51	0.71
38	1.52	52	1.22
39	0.92	53	0.16
40	1.04	54	1.84
41	1.81	55	1.34
42	0.72	平均比能量	1.29

400ms 总的比能量（A²s）：70.73

三、电位转移电流的特性

通过对绝缘斗臂车带电作业等电位转移过程中电流波形进行仿真分析、现场实测，及后续对脉冲电流幅值、脉宽、转移电荷量及比能量进行分析，对于 500kV 交流线路绝缘斗臂车带电作业电位转移放电过程的总结如下：

（1）整个电位转移过程由若干次脉冲放电组成，每次电流脉冲持续的时间较短（约为几十微秒），幅值较高（多次测量结果的单次脉冲幅值峰值均超过 1000A，最大值达到 1486.36A），同时发生电荷与能量的转移，并在每个电流脉冲期间均能够观察到明显的电弧。

（2）通过对脉冲电流波形进行分析，绝缘斗臂车进行电位转移的整个放电过程大致如下：绝缘斗臂车的工作斗（均作为导体看待）接近等电位过程中，中间电位导体在靠近导线过程中，与导线接近的一面被感应出与导线相反的电荷，并在最靠近导线的尖端部位（伸出的电位转移棒）积聚，造成电场的畸变。当中间电位导体与导线接近到一定程度时，由于中间电位导体与导线间的间隙距离减少，以及电场的畸变作用，中间电位导体与导线间隙场强极高，从而造成此段间隙被击穿。在间隙被击穿的同时，中间电位导体与导线间形成稳定的电弧。通过电弧弧道，导线上的电荷与中间电位导体上的感应出来的电荷迅速中和，在极短时间内形成幅值较大的电流。由于中间电位导体与导线间形成电弧后，弧道阻抗远远小于中间导体与塔身之间空气间隙的阻抗，因此中间导体与导线间电压迅速降低，当电压下降到一定程度后，电弧通道将被阻断，电荷及能量的转移过程随即停止，电流幅值为零，从而终止一次脉冲放电。而该次放电脉冲结束后，中间电位导体与导线间的阻抗恢复，之间的空气间隙又将出现较高的电场，中间电位导体上又将被感应出电荷并积聚，造成电场畸变，在电场强度增加到一定程度后，中间导体与导线间的空气间隙又将被击穿，从而出现与前一次类似的放电过程。因此在中间电位导体接近导线的过程中，将不断出现间歇性的脉冲放电，直到中间电位导体最终与导线接触，在电位转移过程中，中间电位导体（工作斗）与导线的整个放电过程由一系列的放电脉冲组成。

（3）绝缘斗臂车进行6次等电位转移过程中，每次产生的脉冲电流通过电位转移棒、工作平台流经绝缘斗臂车本体，即通过电流通道，绝缘斗臂车承受着试验过程中每一次由若干高幅值脉冲组成的电位转移电流。

（4）采用真型绝缘斗臂车进行了500kV交流线路带电作业等电位临界起弧距离试验，发现起弧距离平均值为480mm。为避免电位转移电流对人体的伤害，作业人员在进行电位转移时，须使用电位转移棒先接触带电体，电位转移棒一端与金属工作斗可靠连接，另一端通过夹具与带电导线连接，转移过程中，人体与带电体的距离不得小于0.5m。

第四章

绝缘斗臂车配套工具

由于输电线路电压等级高，杆塔结构尺寸大，线路档距大，导线分裂数多，绝缘子串长度和吨位也相应增大，这些特点对作业工器具提出了更高的技术要求。绝缘斗臂车带电作业本身具备安全性高、效率高的特点，但其工作斗的有效载荷有限，车辆体积大，为了进一步提高作业安全性和效率，需要研发相应的配套工具。

第一节 液 压 工 具

目前输电线路带电作业常用的工具，除了提线工具以外一般使用的是手工工具，手工工具具有结构轻便简单，灵活性强的特点。但是在实际作业过程中，由于线路金具时常发生锈蚀，使用手工工具处理螺栓或者修补导线时，靠人力难以满足检修任务的需求。绝缘斗臂车采用液压系统驱动提升工作斗进入作业位置，其液压系统内除了给上装提供动力的主液压管道外，一般还具有一个专门给工具提供液压源的辅助液压管道。因此可以使用斗臂车的工具专用液压管道配合相应的工器具，完成带电作业过程中需要较大负荷的作业。

一套完整的液压工具系统由五个部分组成，即动力元件、执行元件、控制元件、辅助元件和液压油。

动力元件的作用是将原动机的机械能转换成液体的压力能。一般指液压系统中的油泵，它向整个液压系统提供动力。液压泵的结构形式一般有齿轮泵、叶片泵和柱塞泵。在绝缘斗臂车中，车辆的发动机带动液压泵通过工作臂中的液压管道将液压油送至工作斗处。因此在绝缘斗臂车上无须额外配置液压泵。

执行元件（如液压缸和液压马达）的作用是将液体的压力能转换成机械能，驱动负载做直线往复运动或回转运动。一般输电线路检修作业所需的剪线钳、螺母破拆工具以及压接工具属于直线往复运动，而扳手属于回转运动。

控制元件（即各种液压阀）在液压系统中控制和调节液体的压力、流量和方向。根据控制功能的不同，液压阀可分为压力控制阀、流量控制阀和方向控制阀。压力控制阀又分为溢流阀（安全阀）、减压阀、顺序阀、压力继电器等；流量控制阀包括节流阀、调整阀、分流集流阀等；方向控制阀包括单向阀、液控单向阀、梭阀、换向阀等。根据控制方式不同，液压阀可分为开关式控制阀、定值控制阀和比例控制阀。由于绝缘斗臂车液压工具接口输出的液压油压力恒定，而不同工具需要的压力却各不相同，因此需要配备增压设备和控制元件，以适应不同工具的需求。

辅助元件包括油箱、滤油器、油管及管接头、密封圈、压力表、油位油温计等。绝缘斗臂车液压工具的辅助元件主要包括液压油管及管接头。管接头应与车辆的输出接口相配套。油管连接工具与接口之间，长度为2m，质地柔软，满足在工作斗内各位置作业的需求。

液压油是液压系统中传递能量的工作介质，有各种矿物油、乳化液和合成型液压油等几大类。绝缘斗臂车的液压油除了作为传递能量的工作介质外，还承担了工作斗对地主绝缘的功能。因此绝缘斗臂车的液压油需要具备绝缘性能，如果车辆维护时需要更换液压油，应遵循车辆厂家的要求，更换满足要求的绝缘液压油。

一、液压工具种类

1. 液压扳手

常规的液压扳手套件，一般是由液压扭矩扳手本体、液压扭矩扳手专用泵以及双联高压软管和高强度重型套筒组成。液压扭矩扳手专用泵可以是电动或者气动两种驱动方式。液压泵启动后通过马达产生压力，将内部的液压油通过油管介质传送到液压扭矩扳手，然后推动液压扭矩扳手的活塞杆，由活塞杆带动扳手前部的棘轮使棘轮能带动驱动轴来完成螺栓的预紧拆松工作。

目前液压扳手均为静扭扳手如图4-1所示，液压动力源工作压力一般在50MPa以上，工作对象为桥梁、铁路等M28以上螺栓，工具体积庞大结构复杂，且需额外配置液压源。

图4-1 液压扳手

我国输电线路常用螺栓紧固件一般在M16以下，斗臂车液压系统的工作压力为15MPa，该类型扳手为保证额定扭矩，必须设计为冲击型，并利用增压器增大压力。冲击型液压扳手通过液压源驱动液压马达旋转，通过传动机构带动冲击块旋转，在拧紧螺栓的过程中，冲击块保证螺栓额定紧固扭矩。同时线路螺栓紧固件长短不一，需配备不同规格套筒。

2. 液压压接工具

液压压接工具是电力行业在线路基本建设施工和线路维修中进行导线接续压接的必要工具。液压压接钳分为分体式压接机和手摇式液压压接机两种。液压压接钳由油箱、动力机构、换向阀、卸压阀、泵油机构组成，泵油机构由油泵体、高低压油出油孔、偏心轴、偏心轴承、从动齿轮和一对高压油泵以及一低压油泵构成，油泵体悬固于油箱盖上，高、低压油出油孔开设在油泵体上，与卸压阀油路连接，偏心轴呈纵向设置，上端枢置于油泵体中央，下端固定设置偏心轴承，从动齿轮固定设置在偏心轴顶部，与动力机构连接，高、低压油泵悬固在油泵体上，各具有一个与偏心轴承相接触的从动齿轮，高、低压油泵的泵腔分别与高、低压油出油孔相通。优点：泵油机构与动力机构的连接为垂直连接，可充分利用空间而小化占地面积，有利于作业及运输；将高、低压油泵的泵油形式变为偏心轴承的形式，其结构简单、零部件少而利于装配。图4-2为液压压接工具示意图。

图4-2　液压压接工具

3. 液压破除工具

工业生产中广泛使用的螺栓帽（螺母）在露天高温或腐蚀性环境中，有的被锈蚀咬死，有的由于被砸碰而丝扣受损，总之，出现问题，要拆卸螺母是非常困难的，以往的做法通常是利用（气）焊将螺帽和螺栓一齐割掉，然而在一些特殊工况环境中，有时严禁动用火（电）焊操作，如发电厂的煤粉仓、油管道高压高温管路等处，要更换螺母、螺栓就更让人束手无策，液压破除工具可以不动火、不用电，不损伤螺栓丝扣，简便、快捷、安全、高效地解决螺栓、螺母的拆卸和更换难题。液压破除工具分为分体式和一体式，对于无法拆卸的锈蚀螺母，采用螺母剖切器可轻松地剖切，并对锚杆无损伤，锚杆下次还可使用。液压破除工具如图4-3所示。

防滑手柄

图4-3　液压破除工具

4. 液压断线钳

液压断线钳通常有一个铝合金外壳，它的刀刃由热轧钢锻造而成。活塞及活塞推杆则通常由热轧合金钢制成。液压断线钳主要用来剪切如片状金属和塑料之类的材料。通常，用它们来剪开汽车以及其他交通工具以解救受困乘客。与液压扩张器一样，液压断线钳也可以由汽油驱动装置提供动力。液压断线钳如图4-4所示。

图4-4　液压断线钳

与液压扩张器不同，液压断线钳是弯曲的爪状延伸，它的末端呈尖状。与液压扩张器的原理一样，液压液体流入液压缸后把压力施加给活塞。刀刃的开合取决于施加在活塞上动力的方向。当活塞推杆上升时，刀刃张开。当活塞推杆下降时，刀刃开始压向物体，并将它剪开。

以上每种液压工具配备各自不同液压泵站（液压源），液压源压力流量不统一，不具备互换性。液压断线钳、液压压接工具需要较高的压力（一般 50MPa 以上），而绝缘斗臂车提供的压力一般 15MPa 左右。与工具连接的液压端口，机械结构、密封形式不同，不能快速更换。因此需要配置一个增压泵，用以对绝缘斗臂车自带液压源输出的液压油进行调整，使其压力和流量能够匹配作业时所使用的液压工具。

液压工具的控制示意图如图 4-5 所示。

整套液压系统通过锂电池供电，增压泵和液压阀配合控制液压源输出的压力和流量，使之能够满足不同工具的需要。因此液压阀驱动系统配置有高压和低压两套油路。

高压油路由斗臂车供油，通过增压泵或增压器将压力升高，溢流阀调节压力、节流阀调节流量。为破螺母工具、液压断线钳、液压压接钳提供相应压力与流量的液压源。高压回路如图 4-6 所示。

图 4-5　液压工具的控制示意图

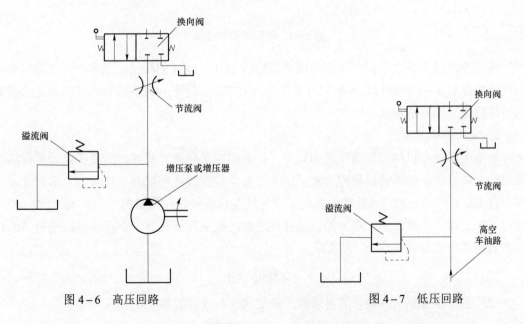

图 4-6　高压回路　　　　　　　　图 4-7　低压回路

低压油路由斗臂车供油，溢流阀调节压力、节流阀调节流量。为扳手等低压、大流量工具提供相应的液压源。为便于工具更换，液压系统配备换向阀、快换接头等相应液压附件。低压回路如图 4-7 所示。

二、液压工具基本性能

1. 液压冲击扳手

该工具以斗臂车提供的液压端口为动力源。主要由扳手主体及控制部分组成，扳手主体由液压马达或直流电动机提供动力，主要包括减速器、滚珠螺旋槽冲击结构、机动套筒工装组成，主要利用冲击结构形成的冲击力矩输出扭矩，对螺纹进行旋合或拆卸；根据作业现场空间，采用角向式、手枪式两种结构形式。整机重量不大于 8kg，输出扭矩 100～250N·m，输出转速 0～2500r/s。

根据 DL/T 284—2012《输电线路杆塔及电力金具用热浸镀锌螺栓与螺母》的规定，螺母尺寸及示意图如图 4－8 所示。

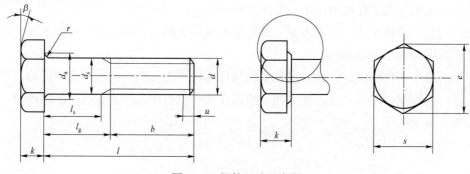

图 4－8　螺栓尺寸示意图

液压冲击扳手通过不同尺寸的套筒适应规格 M10－M24 的螺栓安装和拆卸作业。套筒的尺寸参照表 4－1 的螺母的外形尺寸要求进行加工，七种不同大小的套筒可以满足大多数输电线路检修作业的需求。

2. 液压压接工具

导地线压接是以超高压液压泵为动力，配套相应压接模具对导地线及压接管进行满足使用要求的连接，此作业过程称为液压压接工艺。根据作业环境和压接管的外形尺寸，选择符合 DL/T 5285—2013《输变电工程架空导线及地线液压压接工艺规程》及 DL/T 689—2012《输变电工程液压压接机》的要求并与之相匹配的压接模具。钢压接管压接模具六边形的对边距应满足式（4－1）的要求。

$$S_1 = 0.866[k_1 D]_{-0.20}^{-0.10} \qquad (4-1)$$

铝压接管压接模具六边形的对边距应满足式（4－2）的要求。

$$S_2 = 0.866[k_2 D]_{-0.15}^{-0.05} \qquad (4-2)$$

钢芯及镀锌钢绞线，k_1 取 0.990～0.993；720mm^2 及以下标称截面的导地线，k_2 取 0.990；720mm^2 以上标称截面的导地线，k_2 取 0.990～0.986。压接模具对边距的尺寸公差满足上式的要求，且均匀分布，上、下模具合模后，每一组对边尺寸之间的偏差不应大于 +0.1mm。

模具内表面的粗糙度数值不大于 1.6μm。

C 型头开口大，方便压接端子和套管进出，头部可作 180° 旋转，适应不同角度压接，出力：12T，开口范围：50mm，压接范围：300～500mm² 铜端子\300～600mm² 设备线夹\300～600mm² 钳压管，重量不大于 8kg。

3. 液压断线钳

液压断线钳最重要的设计参数就是其剪切力，只有确定了剪切力，才能设计整套工具。此次断线钳的剪切力计算参考了剪切机的计算方法。剪切机剪切的是钢板，断线钳剪切的是钢芯铝绞线。虽然导线的厚度比钢板的厚度大，材料参数也不相同，但两者的形状相似，剪切原理相同。根据收集的资料，计算剪切力时可按下式计算。

$$P = 0.6\delta\sigma\frac{h^2}{\tan\alpha}\left(1 + Z\frac{\tan\alpha}{0.6\delta} + \frac{1}{1 + \frac{100\delta}{\sigma Y^2 X}}\right) \qquad (4-3)$$

$$Z = f\left(\frac{d\tan\alpha}{\delta h}\right) = f(\lambda) \qquad (4-4)$$

其中 Z 为材料系数，实验研究表明，此系数与被剪掉部分的导线直径 d、工件材料延伸率 δ 以及刀片倾斜角 α 等因素有关，其变化规律如图 4-9 所示，经查曲线取 0.95。Y 为刀片相对间隙，即取刀片间侧隙 Δ 与导线厚度 h 的比值。在 $h \leqslant 5mm$ 时，取 $\Delta = 0.07mm$，当 $h = 10 \sim 20mm$ 时，取 $\Delta = 0.5mm$，算得 $Y = 0.05$。X 为经验系数，取 120mm。d 取 30mm。h 取 30mm。α 取 10°。σ、δ 是被剪切工件的强度极限和延展率。经查，钢芯铝绞线的强度极限和延展率分别为 200MPa 和 21%。

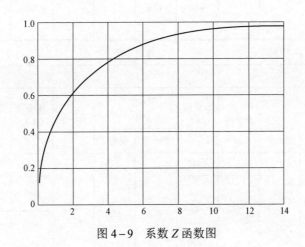

图 4-9 系数 Z 函数图

将上述数值带入公式算的 $P = 14.5t$，取整后 $P = 15t$。

工具带通用液压源接口和操作接口，采用斗臂车液压驱动完成切刀切断动作：重量不大于 8kg，输出剪切力不小于 150kN。最大切断钢芯铝绞线 600mm²。

4. 液压破拆工具

在 20 世纪 80 年代，研究学者研究了冲击力和挤压力对颗粒层的破碎效果。当利用挤压力和冲击力进行破碎时，其效果都较好。从能量利用率来考虑时，冲击力破碎具有较低的能量利用率，原因在于利用冲击力进行破碎时，冲击力能可能转化为破碎产品的动能，这样多做一部分无用功，从而造成效率较低。如果在轻受力的颗粒层上的挤压应力出现微小增加情况时，最小断裂强度的颗粒被压碎后，那么作用力就会转移到那些未破碎的颗粒上。由于颗粒层内还没来得及出现保护情况，那么各颗粒随着所受到的力不断增加，各颗粒将会根据它们受力强度的大小而出现相应的破碎。因此为了减少能耗，使粉碎效率提高，应采用静压粉碎。

根据 DL/T 284—2012 中螺母的性能规定，螺母的性能等级分为 5、6、8、10、12 五个级别，各个级别的螺母的机械性能见表 4–1。

表 4–1　　　　　　　　　　　　　螺　母　的　机　械　性　能

螺纹规格 D	性能等级								
	05				5				
	保证应力 S_p MPa	维氏硬度[①] HV		热处理	保证应力 S_p MPa	维氏硬度[①] HV		热处理	
		最小值	最大值			最小值	最大值		
M10	500	272	353	淬火回火	590	130	302	不淬火回火	
M12 M16					610				
大于 M16 且小于等于 M64					630	146			

螺纹规格 D	性能等级 6			
	保证应力 S_p MPa	维氏硬度[①] HV		热处理
		最小值	最大值	
M10	680	150	302	不淬火回火
M12 M16	700			
大于 M16 且小于等于 M64	720	170		

螺纹规格 D	性能等级								
	8				10				
	保证应力 S_p MPa	维氏硬度[①] HV		热处理	保证应力 S_p MPa	维氏硬度[①] HV		热处理	
		最小值	最大值			最小值	最大值		
M10	870	233	353	淬火回火	1040	272	353	淬火回火	
M12 M16	880				1050				
大于 M16 且小于等于 M64	920				1060				

螺纹规格 D	性能等级 12			
	保证应力 S_p MPa	维氏硬度[①] HV		热处理
		最小值	最大值	
M10	1140	295	353	淬火回火
M12 M16	1170			
大于 M16 且小于等于 M64	—			

注　最低硬度仅对经热处理的螺母或规格太大而不能进行保证载荷试验的螺母，才是强制性的；对其他螺母不是强制性的，而是指导性的。对不淬火回火，而又能满足保证载荷试验的螺母，最低硬度应不作为螺母拒收（考核）的依据。

① 因内螺纹加大攻丝尺寸，其保证载荷会有所降低，推荐硬度控制在中上限范围，以提高螺母的保证载荷。

由于螺母破拆采用的刀片挤压螺母，使之变形破碎，达到拆除的目的。其挤压过程与剪切类似，因此按照式（4-3）计算破拆机械性能等级为 6 的螺母需要施加 8.5t 的剪切力。因此设计液压螺母破拆工具的处理为 9t，重量不大于 8kg，刀头前部分为倾斜形状，头部可作 180°旋转，可破碎大部分密集螺母，使用范围为 M10-M30 规格的螺母的破碎。

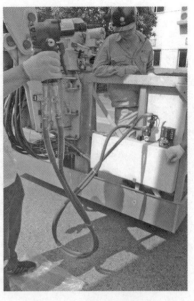

图 4-10　液压冲击扳手

三、液压工具的应用

1. 液压冲击扳手

液压冲击扳手采用低压液压源驱动，可以直接连接斗臂车工作斗上的工具专用液压接口处，配合不同直径的套筒，可以完成螺栓的旋合或拆卸。工具如图 4-10 所示。

2. 液压压接工具

修补导线是带电作业的常见任务，一般采用液压压接钳将修补管压接在需要补修的导线处，工作负荷大，因此压接工具需配合增压泵使用。液压压接工具和增压泵如图 4-11 和图 4-12 所示。

图 4-11　液压压接工具

图 4-12　增压泵

3. 液压断线钳

液压断线钳同样使用增压泵进行增压，手提断线钳可以对分裂导线的子导线、跳线、地线等线路进行断线处理，工具如图4-13所示。

图4-13 液压断线钳

4. 液压破拆工具

液压破拆工具适用于线路上常见的螺栓，将已锈蚀或损坏的螺帽剪切开，然后脱离螺栓以达到破拆的效果。液压破拆工具如图4-14所示。

图4-14 液压破拆工具

第二节 泄漏电流监测装置

依据美国国家标准 ANSI/SIA A92.2 的要求，每辆绝缘斗臂车都应进行定期的预防性试验。在斗臂车的使用过程中，污秽、玻璃纤维中的空洞、老化等因素都会影响到斗臂车的绝缘性能。绝缘臂内部和外部的积污会直接影响绝缘臂的电阻，增大流过绝缘臂的电阻性电流。流过绝缘臂的全电流（包括电阻电流和电容电流）称为泄漏电流。

美国学者 A.Nourai 的研究表明，在电极上加装导电罩来采集电流，可以减小不同作业位置对泄漏电流的影响见表 4-2，通过对 5 个不同位置的泄漏电流测量，在无导电罩时泄漏电流的变化范围为 4～28μA，此时电阻电流的变化范围为 0.35～0.5μA。泄漏电流的变化率达 7:1，导电罩大约减少了一半的耦合电容电流，提高了绝缘臂绝缘性能测量的准确性。

表 4-2　　　　　　　　　　　现场作业时绝缘臂方向对泄漏电流的影响

绝缘臂的方向	泄漏电流（μA）	
	无导电罩	有导电罩
	17	—
	4	2
	9	4
	13	6
在边相下方 	24	11
在中相下方 	28	13
最大值/最小值	7:1	6.5:1

　　绝缘斗臂车的泄漏电流包括流经绝缘臂、液压管、液压油和其他管道的全部电流总

和，因此利用模压入绝缘臂下端的铜带作为泄漏电流收集装置，将通过绝缘臂的所有软管接头电气连接在该收集装置上，如图4-15所示。当进行带电作业时，任何可能经过绝缘臂的泄漏电流都收集在该装置上，然后通过同轴电缆传输到泄漏电流测量仪表进行测量，如图4-16所示。

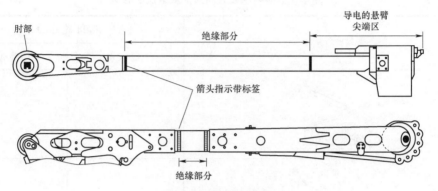

图4-15　绝缘臂示意图

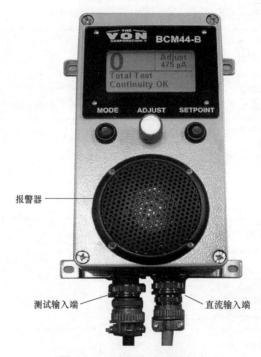

图4-16　泄漏电流测量仪表

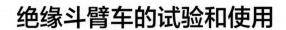

第五章

绝缘斗臂车的试验和使用

第一节　绝缘斗臂车试验现状

　　绝缘斗臂车通常指能在高于 10kV 线路上进行高空带电作业的特殊车辆，其工作斗、工作臂、控制油路和线路、斗臂结合部都能满足一定的绝缘性能指标。为了保证绝缘斗臂车的绝缘性能能够满足要求，《电力安全工作规程》规定，绝缘斗臂车每半年需要进行一次预防性试验。目前我国使用较多的是 10kV 绝缘斗臂车，预防性试验也主要是针对此种车辆。而在国外，输电线路绝缘斗臂车已经进行了较为广泛的应用，也有相关标准对其进行规范。

一、我国的绝缘斗臂车试验方法

　　电力行业标准 DL/T 854—2017《带电作业用绝缘斗臂车的保养维护及在使用中的试验》中规定了绝缘斗臂车的预防性试验方法。绝缘斗臂车的绝缘部件按表 5-1～表 5-4 的要求进行试验。

表 5-1　　　　　　具有下臂测试电极系统的绝缘斗臂车的定期电气试验

测试部位	交流试验				直流试验		
	斗臂车的额定电压（相电压）有效值（kV）	试验电压有效值（kV）	允许最大泄漏电流（μA/kV）	试验时间（min）	试验电压[①]（kV）	允许最大泄漏电流（μA/kV）	试验时间（min）
上臂	U_N	$1.5U_N$	1.0	1.0	$2.1U_N$	0.5	3.0

① 直流试验电压与交流有效值应按表中所列数据乘以 1.4 的系数。

表 5-2　　　　　　没有下臂测试电极系统的绝缘斗臂车的定期电气试验

测试部位	交流试验				直流试验		
	斗臂车的额定电压有效值（kV）	试验电压有效值（kV）	允许最大泄漏电流（μA/kV）	试验时间（min）	斗臂车的额定电压（kV）	试验电压[①]（kV）	允许最大泄漏电流（μA/kV）	试验时间（min）
上臂	≤35	40	400	1.0	≤35	56	56	3.0

① 直流试验电压与交流有效值应按表中所列数据乘以 1.4 的系数。

表 5 – 3   斗臂车绝缘部件的定期电气试验

测试部位	试验电压有效值 （kV）	允许最大泄漏电流 （μA）	试验时间 （min）	要求
下臂绝缘部分	35	3000	3.0	无火花放电、闪络或击穿现象， 无发热现象（温差10℃）
绝缘外斗	35	500	1.0	无闪络或击穿现象
绝缘内斗	35	—	1.0	无闪络或击穿现象
绝缘吊臂	60/m，最大 100/m	1000	1.0	无火花放电、闪络或击穿现象， 无发热现象（温差10℃）

表 5 – 4   绝缘斗臂车的定期工频耐压试验

测试部位	交流试验		
	斗臂车的额定电压有效值 （kV）	试验电压有效值 （kV）	试验时间 （min）
上臂	10	70	1.0
	35	95	1.0
	63（66）	175	1.0
	110	220	1.0
	220	440	1.0

1. 具有泄漏电流报警系统的斗臂车上臂的电气试验

（1）进行试验的斗臂车按图 5 – 1 所示布置。

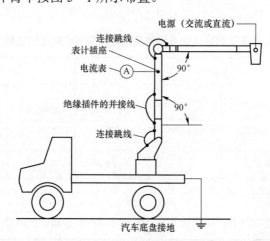

图 5 – 1　具有泄漏电流报警系统的斗臂车上臂电气试验示意图

（2）在整个试验期间，下臂的插入部分或底盘的绝缘系统应并接，拐臂处也应并接。连接跳线应为截面积 32mm² 以上的宽铜带。

（3）在整个试验期间，上臂末端的所有导电部分必须短接。可进行等电位作业的斗臂车应将金属内斗插入外斗中，并短接。

（4）在整个试验期内，通过绝缘臂部分的液压管路必须充满液压油。

（5）汽车底盘必须接地。

（6）在正式试验之前，应检查金属监视"检验"带与插座的连接情况，电流表的接线柱与地之间用屏蔽电缆连接。

（7）如图5-1所示，试验电源可为交流或直流。

2. 没有泄漏电流报警系统的斗臂车上臂的电气试验

（1）斗臂车试品按图5-2布置（伸缩臂的绝缘部分应按照情形伸展开）。

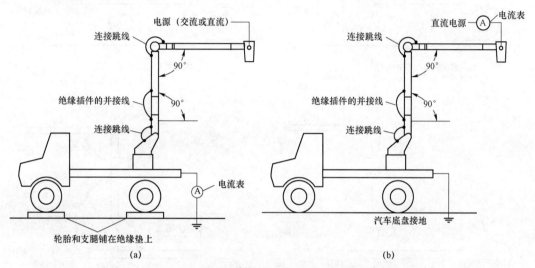

图5-2 没有泄漏电流报警系统的斗臂车上臂电气试验示意图
（a）轮胎和支腿铺在绝缘垫上的试验；（b）汽车底盘接地的试验

（2）在整个试验期间，下臂的插入部分或底盘的绝缘系统应并接，扶手也应并接接地，引下线的截面积应为32mm² 以上的宽铜带。

（3）在整个试验期间，上臂末端的所有导电部分必须短接。

（4）在整个试验期间，通过绝缘臂部分的液压管路必须充满液压油。

（5）汽车底盘必须通过电流表接地，车轮和支腿（如果使用）应用绝缘材料垫起来。

（6）电流表与汽车底盘和地之间用屏蔽电缆连接。

（7）如图5-2所示，试验电源可为交流或直流。

注：如果仅只进行直流耐压试验，车轮和支腿则不需要用绝缘材料支撑，电流表与电源和工作斗之间应采用屏蔽电缆连接起来，形成回路。

3. 插入式绝缘下臂、底盘绝缘系统的电气试验

（1）斗臂车试品按图5-3布置。

（2）确认下臂插入部分、底盘绝缘系统已并接。

（3）在整个试验期间，通过绝缘臂部分的液压管路必须充满液压油。

（4）汽车底盘必须通过电流表接地，车轮和支腿（如果使用）应用绝缘材料垫起来。

（5）电流表与汽车底盘和地之间用屏蔽电缆连接。

（6）如图5-3所示，试验电源可为交流或直流。

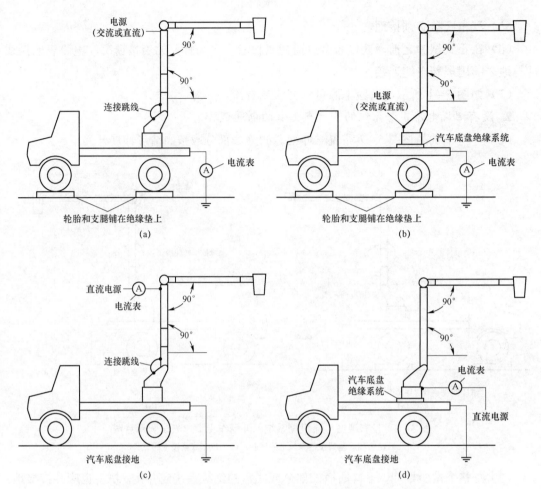

图 5-3 插入式绝缘下臂、汽车底盘绝缘系统电气试验示意图

（a）一般斗臂车轮胎和支腿铺在绝缘垫上的试验；（b）底盘绝缘的斗臂车轮胎和支腿铺在绝缘垫上的试验；

（c）一般斗臂车汽车底盘接地的试验；（d）底盘绝缘的斗臂车汽车底盘接地的试验

注：如果仅只进行直流耐压试验，车轮和支腿则不需要用绝缘材料支撑，电流表与电源和工作斗之间应采用屏蔽电缆连接起来，形成回路。

4. 具有泄漏电流报警系统的斗臂车上臂的现场电气试验

（1）在整个试验期间，插入式下臂或底盘的绝缘系统应并接，拐臂处也必须用合适的跨接线连接。

（2）在整个试验期间，上臂末端的所有导电部分必须短接，可进行等电位作业的斗臂车应将金属内斗插入外斗中，并短接。

（3）在整个试验期间，通过绝缘臂部分的液压管路必须充满液压油。

（4）汽车底盘必须接地。

（5）电流测量装置（电流表或分流器）应在电流表接线柱与地之间用屏蔽电缆连接起来。

（6）试验回路所施加的最低电压至少应等于斗臂车所使用的电压。

（7）耐压试验持续时间为 3min，最大允许泄漏电流不超过交流 1.0μA/kV 或直流 0.5μA/kV。

5. 吊臂的电气试验

工频耐压按绝缘长度每米 60kV（有效值）或最大 100kV（有效值），加压时间 1min。

（1）最大泄漏电流不超过 1.0mA。

（2）未见火花放电闪络或击穿现象。

（3）吊臂无过热（温差 10℃）。

二、美国的绝缘斗臂车预防性试验

AH125 型绝缘斗臂车是美国阿尔泰克公司生产的，符合美国标准《ANSI/SI A92.2 American National Standard Vehicle – Mounted Elevating and Rotating Aerial Devices》的要求。该标准中绝缘斗臂车的具体试验布置与我国的标准基本一致，两者的差别主要是在试验参数上，美国的预防性试验 1min 430kV 工频耐压，泄漏电流不超过 430μA。

第二节 绝缘斗臂车预防性试验

综合考虑了我国和美国的试验方法，本试验采用了我国目前现行的绝缘斗臂车电气试验的布置和美国电气试验的参数，以便能更加准确的衡量美制绝缘斗臂车的绝缘性能。本次检测的试品是 ALtec 公司生产的绝缘斗臂车，型号为 AH125，自重 25t，最大伸长高度 37.5m，斗臂车结构如图 1–8 所示。

本次检测所参考的标准见表 5–5。

表 5–5　　　　　　　　　　　检 测 所 参 考 的 标 准

序号	标　准
1	GB/T 16927.1—2011 高电压试验技术第一部分：一般试验要求
2	GB/T 16927.2—2013 高电压试验技术第二部分：测量系统
3	DL/T 854—2017《带电作业用绝缘陡臂车的保养维护及在使用中的试验》
4	国家电网公司电力安全工作规程（线路部分）

本次检测的试验项目和采用的试验仪器见表 5–6。

表 5–6　　　　　　　　检测的试验项目和采用的试验仪器

序号	试验项目	试验仪器
1	导电性测试	万用变
2	工频耐压试验	1650kV 工频耐压试验系统
3	泄漏电流测量	厂家提供的 Von 电流表
4	温差	红外测温仪

注　1. 耐压试验为整车试验。

　　2. 为了便于在远处读取 Von 电流变数据，需配置望远镜。

绝缘斗臂车的绝缘预防性试验要求如下。

（1）AH125 绝缘斗臂车电气试验按照图 5－4 所示布置。

图 5－4　AH125 绝缘斗臂车电气试验图

（2）试验前，对斗臂车进行清洁，保证绝缘臂外侧清洁，内侧干燥。

（3）开始试验前，检查通过绝缘臂部分的液压管路必须充满液压油。AH125 绝缘斗臂车配备有油线管路通气阀，并配备通气阀检测仪，可以利用通气阀检测仪按照如下方法确定液压管路是否充满液压油：

1）把通气阀从快捷链接端口取下。

2）把快捷连接端口和检测仪的特设端口连接起来。

3）推压检测仪手柄并保持推压状态，在仪器显示表上读出真空度。如果表盘上显示小于或等于 5psi，说明液压管路是充满液压油，如果表盘上显示大于 5psi，说明液压管路没有充满液压油。

（4）耐压试验前，使用万用表对 AH125 绝缘斗臂车臂端部件及臂内部的电流导线进行导电性测试，测试程序如下：

1）首先检查所有接地和导电连接线，核实接地和导电连接线端连接处的螺栓已经拧紧。

2）利用万用表测量臂端所有用不锈钢螺栓焊接到臂端和平衡架上的各金属部件，如图 5－5 所示的 A、B、C、D 点。

3）如果所有部件间的电阻值为零，则满足试验要求。

（5）实验过程中，始终保持下臂处于竖直状态，上臂处于水平状态。

（6）耐压试验时，整个臂端和工作斗需要串接成等电位状态，加压点位置处于上臂端有三个红色标记的点（连接任意一个即可），接地点位于车体后端。

（7）使用 Von 电流表和导线测量泄漏电流，电流表最大量程为 500μA，实际测量值一般情况下低于 200μA，当实际读数接近或大于 200μA，要注意观察电流的增长情况。

（8）试验员需要借助望远镜在 15m 以外距离观察电流表状况。

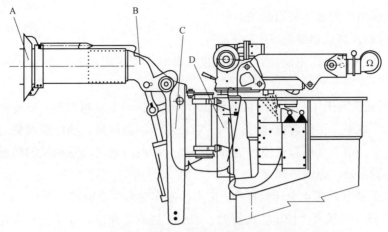

图 5-5 利用万用表测量的臂端和平衡架上的各个金属部件

（9）进行工频耐压时，加压顺序如图 5-6 所示，其中峰值电压为 288kV 时维持 1min（允许最大泄漏电流 288μA），578kV 时维持 1min（允许最大泄漏电流 578μA），720kV 时维持 2s，要求在每个阶段泄漏电流均满足标准要求，无火花放电、闪络或击穿现象，无发热现象（温差小于 10℃）。

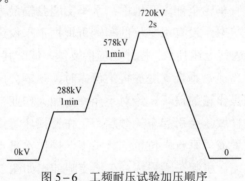

图 5-6 工频耐压试验加压顺序

第三节 绝缘斗臂车的操作

正确地使用和操作液压绝缘斗臂车，不仅保证了作业车的使用安全，也保证了操作人员的人身安全。

（1）发动机启动、取力器（PTO）及支腿的操作。

1）挂好手刹车，垫好三角块。

2）确认变速器杆处于中间位置，取力器开关扳至"关"的位置。此时计时器开始启动。计时器指示出车辆液压系统的累计使用时间。变速器杆必须处于中间位置，不在中间位置时，操作发动机启动、停止会使车辆移动。

3）将离合器踏板踩到底，启动发动机。

4）踩住离合器踏板，将取力器开关扳至"开"的位置。此时计时器开始启动。计时器指示出车辆液压系统的累计使用时间。

5）缓慢地松开离合器踏板。

6）通过上述操作，产生油压。冬季温度较低时，请在此状态下进行 5min 左右的预热运转。

7）油门高低速的操作：将油门切换至油门高速，提高发动机转速，以便快速的支撑好支腿，提高工作效率。工作臂操作时，为了防止液压油温过高，油门应调整为中速或怠速状态。在作业中，请不要用驾驶室内的油门踏板、手油门来提高发动机的转速。这样会使液压油温度急剧上升，造成故障。

8）水平支腿操作：在 4 个转换杆中，选出欲操作的水平支腿的转换杆，切换至"水平"位置；"伸缩"操作杆扳至"伸出"位置时，水平支腿就会伸出。水平支腿设有不同伸出长度的绝缘斗臂车，根据不同的长度，臂的作业范围就会在电脑的控制下作相应的调整。先确认水平支腿伸出方向没有人和障碍物后，再作伸出操作。没有设置支腿张幅传感器的作业车，水平支腿一定要伸出到最大跨距，否则有倾翻的危险。在支腿的位置放置支腿垫板。

9）垂直支腿操作：将 4 个转换杆切换到"垂直"位置；"伸缩"操作杆扳至"伸出"位置，支腿就会伸出；先确认支腿和支腿垫板之间没有异物后，再放下支腿。放下垂直支腿后，确认以下几点：所有车轮全部离开地面；水平支腿张幅最大和垂直支腿着地的指示灯亮；车架基本处于水平状态，设有水平仪的车辆可根据水平仪进行调整。用手摇动各支腿确认已可靠着地。若未达到上述几点，操作相应的支腿，调节其伸出量或增加支腿垫板。水平支腿不伸出、轮胎不离地、垂直支腿放置不可靠时，车辆会出现倾翻；所有操作杆收回到中间位置，关闭支腿操作箱的盖子。绝对不允许为加大作业半径，而将支腿捆绑在建筑物上或者装上配重。这样做，会引起车辆倾翻、工作臂损坏等重大事故。不要在几个转换杆分别处于"水平"位置或"垂直"位置的状态下，操作水平支腿，这样做会引起水平支腿跑出或使垂直支腿收缩，引起车辆损坏。车辆支腿伸出如图 5-7 所示。

图 5-7 支起支腿

10）收回操作方法要将各支腿收回到原始状态，请按照"垂直支腿→水平支腿"的秩序，按10项和11项相反的顺序进行收回操作，收回后，各操作杆一定要返回到中间位置。

（2）安装接地棒。

1）在电杆的地线上固定地线盘的接地夹子，如图5-8所示。

图5-8 安装接地线

2）上述操作无法进行（近处没有地线）时，在泥地上先泼上水，将接地棒插进40cm以上，将地线盘的接地夹子固定在接地棒上，使其可靠地接地。在未安装接地状态下，不得进行带电作业，也不得在靠近带电电线的地方作业。接地线要定期检查，确保没有断线。

（3）上部操作（工作斗操作）。

1）工作臂的操作。

a. 下臂操作（臂的升降操作）。折叠臂式绝缘斗臂车将下臂操作杆扳至"升"，使下臂油缸伸出，下臂升。将下臂操作杆扳至"降"，使下臂油缸缩进，下臂降；直伸臂式绝缘斗臂车则选择"升降"操作杆，扳至"升"，升降油缸伸出，工作臂升起；扳至"降"，使下臂油缸缩回，工作臂下降。

b. 回转操作。将回转操作杆按标牌箭头方向扳，使转台向右回转或向左回转。回转角度不受限制，可做360°全回转。在进行回转操作前，要先确认转台和工具箱之间是否有人或东西及有可能被夹的其他障碍物。作业车在倾斜状态下进行回转操作，会出现回转不灵活，甚至转不动的情况。因此，一定要使作业车基本水平停放。

c. 上臂操作（伸缩操作）。折叠臂式高空车将上臂操作杆扳至"升"，使上臂油缸伸出，伸缩臂升。将上臂操作杆扳至"降"，使上臂油缸缩回，伸缩臂缩。

2）工作斗摆动操作。将工作斗摆动操作杆按标牌箭头方向扳，使工作斗右摆动或左摆动。

3）紧急停止操作。接通紧急停止操作杆时，上部的动作均停止，发动机不会停止。在下述情况下可参考操作。

a. 工作斗上的作业人员为避免危险情况需停止工作臂的动作。

b. 操作控制出现失控的情况。

4) 小吊操作。

a. 按照下面的顺序进行作业前的准备：把小吊置于水平位置，插入升降调整销，固定小吊；副臂插进臂架槽，用插销固定；把滑轮插进副臂的前端，用螺栓固定；挂好在吊车滚筒内的纤维绳；确定副臂的位置，升降固定销钩在固定装置，把调整旋转插销放在垂直位置，并固定回转。

b. 小吊缆绳的检查。小吊绳索使用注意事项：

a）不使用小吊时，必须盖好小吊罩盖。

b）雨天不要使用。

c）含有水分的绳索要充分干燥后使用。

d）如只是外层松弛，绳索的强度要下降。所以把整根绳索整平为相同张紧力后使用。

e）注意小吊绳索卷筒上不要乱卷绕。

f）为保护绳索前端加工部位，请不要将绳索前端红色部位卷入滑轮头部。

g）为了防止绳索从卷筒脱落，请不要把绳索尾部的红色部位抽放至滑轮。

h）注意绳索不要与锐角物摩擦。

i）请不要把绳索当作挂钩绳子使用。

c. 小吊载荷。各种设有工作斗小吊装置的绝缘型液压绝缘斗臂车对小吊设置的起重载荷各不相同，应仔细阅读其使用说明书，按要求操作。

d. 操作。将小吊操作杆扳至"升"，吊钩上升。将小吊操作杆扳至"降"，吊钩下降。不能用上下臂的升降操作来起吊物品，否则会损坏副臂，造成重大事故。

5) 辅助装置的操作。用辅助装置操作杆进行操作，主要用来使用液压工具。设置辅助装置的绝缘斗臂车可以参考以下方法进行操作。

a. 注意事项。

a）在对液压快速接头装卸时，应把辅助操作杆扳倒中间位置。

b）绝对不要扭曲、折弯油管。

c）装卸油管时请把金属环的缺口对准插销，拉出金属滑环。

d）装好油管后，旋转金属滑环，将缺口和插销错开。

e）要防止快速接头沾上垃圾、泥以及损伤。

f）液压工具使用后，一定要把辅助操作杆扳至中间位置。

g）把液压工具接到液压口之前，要先确认一下油压口的最大吐出流量是否和油压工具的必要流量相符合，若流量不相符合，液压工具不能正常进行工作。油压口的最大流量和最大压力。各类型车辆各不相同，使用前务必了解清楚。液压工具的必要流量请参考工具的操作说明书。

h）不使用辅助装置时，请把油压口的接头用附带的盖子盖好，如果不盖住的话，垃圾等物会进入油管造成油压零件的故障。

b. 操作。

a）把油压口的进油、回油及泄油接头和装在油压工具上的接头连接上。

b）把辅助操作杆转换到"工具"这一边。

c）用操作液压工具的操作杆进行操作。

（4）下部操作（转台处的操作）。

1）工作臂的操作。在工作臂收回到托架上的状态下，不可进行工作臂的回转操作。

a）下臂操作（或升降操作）折叠臂式绝缘斗臂车，将下臂操作杆扳至"升"，使下臂油缸伸出，下臂升；将下臂操作杆扳至"降"，使下臂油缸缩进，下臂降。直伸臂式绝缘斗臂车，选择"升降"操作杆，扳至"升"，升降油缸伸出，工作臂伸长；扳至"缩"，伸缩油缸缩回，工作臂降落。下臂的操作如图5-9所示。

b）上臂操作（或伸缩操作）。折叠臂式绝缘斗臂车，将上臂操作杆扳至"升"，使上臂油缸伸出，上臂升；将上臂操作杆扳至"降"，上臂油缸缩进，工作臂降落。直伸臂式绝缘斗臂车，选择"伸缩"操作杆，扳至"伸"，伸缩油缸伸出，工作臂伸长；扳至"缩"，伸缩油缸缩回，工作臂缩短。上臂的操作如图5-10所示。

c）回转操作。将回转操作杆按标牌箭头方向扳，转台左回转或右回转。回转操作如图5-11所示。

2）紧急停止操作。使用紧急停止操作杆进行紧急停止操作。接通紧急停止操作杆时，上部及下部操作的全部动作均停止，上述操作主要在以下情况时进行。

a）地面上的人员判断继续由上部斗内人员进行操作会出现危险的情况。

图5-9　下臂操作

图5-10　上臂的操作

图5-11　回转操作

b）操作控制出现失控的情况。

3）应急泵的操作。该操作用应急泵开关来进行。绝缘斗臂车因发动机或泵出现故障，是操作无法进行时，可启动应急泵，使工作斗上的作业人员安全降到地面。只有在应急开关"接通"时，应急泵工作。应急泵一次动作时间在 30s 内，到下一次启动，必须要等待 30s 的间隔才可以进行。为了防止损坏应急泵，应急泵不要用于常规作业，也不要在不符合的状态下进行动作。操作前须确认取力器和发动机钥匙开关拨至"ON"位置。

第四节　绝缘斗臂车带电作业的一般方法

一、检修前准备

1. 准备工作安排

根据工作安排合理开展准备工作，准备工作内容见表5-7。

表5-7　　　　　　　　　　　准 备 工 作 安 排

序号	内　容	标　准	备注
1	根据工作任务组织现场勘查，填写现场勘查记录	（1）明确线路双重名称、杆号、塔型、呼高、缺陷位置； （2）了解杆塔周围环境、交叉跨越、地形状况及其他危险点等； （3）判断是否符合安规对带电作业要求	
2	确定工作范围及作业方式	（1）确定现场工作时工作人员的活动范围； （2）采用作业方式：绝缘斗臂车等电位法	
3	查阅有关资料，准备好检修所需工器具与仪表、材料	（1）图纸及资料应符合现场实际情况； （2）查阅塔型、绝缘配置和缺陷处理所需材料型号； （3）材料应齐全	
4	编制本标准化作业指导书，并组织作业人员学习	作业人员应熟知作业内容、工艺标准，掌握整个操作程序，理解工作任务及操作中的危险点、控制措施及安全注意事项	
5	填写带电作业工作票，编制危险源点预控卡	（1）根据《国家电网电力安全工作规程（线路部分）》和《工作票实施细则》和现场实际填写工作票； （2）危险源点分析到位	

2. 劳动组织及人员要求

（1）劳动组织。劳动组织明确了工作所需人员类别、人员职责和作业人员数量，见表5-8。

表5-8　　　　　　　　　　　劳 动 组 织

序号	人员类别	职　责	作业人数
1	工作负责人（专职监护人）	（1）对工作全面负责，制定现场作业方案，保证安全、质量； （2）识别现场作业危险源，组织落实防范措施； （3）工作前对作业人员明确分工，进行危险点告知，交待安全措施和技术措施，并确认每一个作业人员都已知晓； （4）对作业过程中的安全进行全过程监护	1人
2	地面电工	负责工器具检查，传递工具、材料等	2～3人
3	等电位电工	负责操作绝缘斗抵达作业位置，并实施消缺工作	2人

（2）人员要求。表5-9明确了工作人员的精神状态，工作人员的资格包括作业技能、安全资质和特殊工种资质等要求。

表5-9   人 员 要 求

序号	内　　容	备注
1	现场作业人员应体检合格、身体健康，精神状态良好，穿戴合格劳动保护服装	
2	作业人员经过输电带电作业资格培训，取得相应带电作业资格证书，熟悉《国家电网电力安全工作规程（线路部分）》，并经考试合格	
3	具备必要的电气和带电作业基本知识，熟练掌握绝缘斗臂车工作操作，掌握带电消缺实际操作技能，能正确使用带电作业工器具、常用的仪器和仪表	
4	熟悉有关规程及现场安全作业要求，以及掌握紧急救护法	

3. 备品备件与材料

根据检修项目，确定所需的备品备件与材料，见表5-10。

表5-10   备 品 备 件 与 材 料

序号	名称	型号及规格	单位	数量	备　注

4. 工器具与仪器仪表

工器具与仪器仪表主要包括专用工具、常用工器具和仪器仪表等，见表5-11（表中所列工器具与仪器仪表的数量是对一个作业点而言）。

表5-11   工 器 具 与 仪 器 仪 表

序号	名称	型号及规格	单位	数量	备　　注
1	绝缘斗臂车	37.5m	辆	1	
2	屏蔽服	Ⅰ型	套	2	塔上电工电场防护
3	电位转移棒		套	1	
4	风速仪		只	1	现场检测风力
5	温湿度表		只	1	现场检测空气湿度
6	万用表		台	1	检测屏蔽服电阻
7	对讲机		台	2	塔上下通信
8	防潮苫布	2.4m×2.6m	块	2	现场摆放工具
9	围栏		副	2～3	视工作现场需要
10	个人工具		套	5	包括安全帽、安全带、扳手、钳子、螺丝刀，型号根据实际工作情况配备

5. 技术资料

表5-12要求的技术资料主要包括现场使用的图纸、出厂说明书、检修记录等。

表 5-12　　　　　　　　　　　技 术 资 料

序号	名　称	备　注
1	现场勘查记录、图纸	
2	出厂说明书	
3	检修记录	

6. 检修前设备设施状态

检修前通过查看表 5-13 的内容，了解线路的运行状态。

表 5-13　　　　　　　　　检修前设备设施状态

序号	检修前设备设施状态

7. 危险点分析与预防控制措施

表 5-14 规定了绝缘斗臂车带电处理 500kV 输电线路缺陷的危险点与预防控制措施。

表 5-14　　　　　　　　　危险点分析与预防控制措施

序号	防范类型	危险点	预防控制措施
1	高空坠落	登高安全工具不规范使用、斗臂车操作不熟练	(1) 等电位电工安全带（绳）应系在绝缘斗内专门的构件上，扣牢扣环，塔上作业过程中和转位时，不得失去安全保护； (2) 作业前应能够做到熟练掌握绝缘斗臂车的操作以防斗臂车操作不正确或失控，速度过快，停放位置不当，绝缘斗臂伸出不够
2	触电	(1) 感应电触电	(1) 等电位电工应穿全套合格的屏蔽服，且各部位连接良好； (2) 良好绝缘子片数（扣除零值、劣值和被短接的绝缘子）不得少于 23 片
		(2) 人身触电	(1) 天气良好条件下进行带电作业； (2) 申请停用重合闸； (3) 斗臂车的金属臂在仰起、回转运动中组合间隙不得小于 4.0m； (4) 绝缘操作杆有效绝缘长度不得小于 4.0m； (5) 绝缘绳索有效绝缘长度不得小于 3.7m； (6) 作业过程中，不论线路是否停电，都应始终认为线路有电
3	机械伤害	工器具失灵	(1) 合理选用工器具，严禁以小带大； (2) 工作前应对斗臂车进行空载试验，以防操作失灵； (3) 应使用合格的工器具、仪表，并在现场进行检测
4	物体打击	(1) 在人口密集区和交通路口	(1) 工作范围应设置安全围栏； (2) 增设工作监护人
		(2) 高空落物	(1) 杆塔上作业应防止掉东西，上下传递物件应使用绳索扣牢传递； (2) 地面电工不得在作业点垂直下方逗留
5	其他	恶劣天气	(1) 带电作业应在良好的天气下进行； (2) 风力大于 5 级，湿度大于 80%时，一般不宜进行带电作业
		遗留工器具	塔上工作结束后检查塔上或线上不得有遗留物

二、检修流程图

根据检修设备的结构、检修工艺以及作业环境，将检修作业的全过程优化为最佳的检修步骤顺序，带电处理 500kV 输电线路缺陷流程如图 5−12 所示。

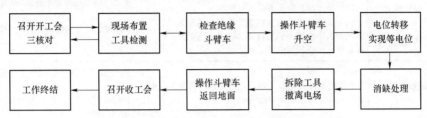

图 5−12 带电处理 500kV 输电线路缺陷流程图

三、检修程序与作业标准

1. 开工

办理开工许可手续前应检查落实的内容，见表 5−15。

表 5−15　　　　　　　　　　　开　工　内　容

序号	内　容
1	工作负责人全面检查现场安全措施是否与工作票一致，是否与现场设备相符
2	工作负责人向工作人员交代作业任务、安全措施和注意事项，明确作业范围，并履行签字、确认手续
3	准备作业工器具和材料

2. 检修项目与作业标准

按照检修流程，对每一个检修项目，明确作业标准、注意事项等内容，线路检修项目与作业标准见表 5−16。

表 5−16　　　　　　　　　　检修项目与作业标准

序号	检修项目	作业标准	注意事项	备注
1	召开开工会	（1）办理工作许可手续，停用重合闸； （2）工作负责人现场三核对，即核对现场状况、线路双重名称、色标及塔号； （3）工作负责人召集工作人员列队，宣读工作票，工作人员签字、确认	（1）与调度联系，并停用重合闸。工作负责人将许可工作的时间、许可人姓名记录在工作票，并签名； （2）检查铁塔基础和塔身有无异常； （3）作业人员应熟知作业内容、工作范围、危险点及注意事项	
2	现场布置	（1）地面电工铺好防潮苫布； （2）工器具按使用先后顺序摆放在防潮垫上，核对数量； （3）选择适当位置，安置绝缘斗臂车； （4）绝缘斗臂车接地； （5）安装绝缘斗臂车泄漏电流表； （6）斗臂车试运转	（1）选择适当位置铺设； （2）工具应排列整齐； （3）保障绝缘斗臂车使用中安全距离满足要求； （4）绝缘斗臂车用专用接地线可靠接地； （5）当泄漏电流超标时报警； （6）对安置到位的斗臂车进行试运转，检查车辆、斗臂等能正常作业	

序号	检修项目	作业标准	注意事项	备注
3	现场检测	（1）现场检查温湿度、风速，天气应良好，相对湿度小于80%，风力小于10m/s； （2）检查绝缘斗臂车； （3）用万用表检测屏蔽服电阻； （4）工作负责人监督检查个人佩带的安全用具是否大小合适、锁扣自如，等电位电工所穿屏蔽服应保证各部位连接良好	（1）检测温湿度、风速应由两人进行，一人操作，另一人监护； （2）绝缘斗臂车应安置平稳牢固，运转正常； （3）屏蔽服衣裤最远端点之间的电阻值不得大于20Ω	
4	绝缘斗置于地面	1号电工操作绝缘斗臂车，使绝缘斗臂车升起，绝缘斗降落至距地面约15cm	（1）操作时应严格按照操作手册进行操作； （2）绝缘斗臂车与塔身、导线及现场设施保持足够的安全距离	
5	进入绝缘斗，操作斗臂车升空	（1）斗内电工穿好全套屏蔽服，进斗前应对安全带进行冲击试验，人力冲击无问题、无损伤； （2）等电位电工屏蔽服与绝缘斗用软铜线可靠连接； （3）斗内1号电工发动斗臂车，操控绝缘斗臂车进行升空	（1）正确使用安全带和戴安全帽； （2）斗内电工应将安全带系在绝缘斗内专用的悬挂安全带位置，在高空作业过程中，不得失去安全保护； （3）升空前进行空载试验确认液压、传动、回转、升降、伸缩系统正常； （4）绝缘斗臂车上下左右运转平稳，与塔身、导线等保持足够的安全距离	
6	操作斗臂车人员等电位	斗内1号电工操作绝缘斗距离带电体50cm时暂停，得到工作负责人命令后斗内1号电工通过电位转移棒完成电位转移	（1）操作时应严格按照操作手册进行操作； （2）升空过程中正确操作绝缘斗，速度平稳防止操作不当造成失控	
7	消缺处理	作业人员位于缺陷位置，开展带电消缺工作	（1）绝缘斗等电位后与地距离应大于3.2m； （2）严禁站在作业点正下方传递工器具； （3）检查消缺情况，确保质量合格	
8	等电位电工退出强电场	征得工作负责人许可后，等电位电工检查线上无问题后，操作绝缘斗臂车脱离电场	（1）操作绝缘斗臂车在距离导线约0.4m时停止，通过电位转移棒脱离电场； （2）脱离电场动作应迅速	
9	返回地面	操作绝缘斗臂车使得等电位电工返回地面，收起吊臂	操作时应严格按照操作手册进行操作	
10	工具整理	清理工作现场，将工器具整理装包，检查工作场地无任何遗留物	做到"工完、料净、场地清"，符合文明生产要求	
11	召开收工会	（1）作业人员向工作负责人汇报检修结果； （2）工作负责人检查检修质量、工作现场； （3）作业人员列队，工作负责人对工作进行总结、讲评		
12	工作终结	工作负责人向工作许可人汇报，履行工作终结手续。 内容为：工作负责人×××，500kV××线路带电消缺工作已完工，所有工作人员已由线路上撤离，塔上、线上无遗留物，线路可以恢复重合闸、运行状态		

3. 检修记录

表5-17规定了检修纪录的内容，包括：线路名称、工作日期、线路杆号、工作内容、发现缺陷、消除缺陷和检修人员签字等内容。

表 5-17   检 修 记 录

线路名称			工作日期	年月日
线路杆号	工作内容	发现缺陷	消除缺陷	检修人员

4. 竣工

表 5-18 规定了工作结束后的注意事项，如清理工作现场、清点工具、回收材料、填写检修记录、办理工作票终结等内容。

表 5-18   竣 工 内 容

√	序号	内　　容
	1	作业人员向工作负责人汇报检修结果，工作负责人组织验收
	2	召开现场收工会，工作负责人对工作进行总结、讲评
	3	清点工具，清理工作现场，拆除安全围栏，人员撤离
	4	工作负责人向工作许可人汇报工作结束，并履行工作票终结手续
	5	整理资料，归档

5. 验收

表 5-19 规定了需要填写的内容，包括记录改进和更换的零部件、存在问题及处理意见、检修单位验收总结评价、运行单位验收意见及签字。

表 5-19   验 收 记 录

自验收记录	记录改进和更换的零部件	
	存在问题及处理意见	
验收结论	检修单位验收总结评价	
	运行单位验收意见及签字	